教育部人文社科研究规划基金项目：清代盛京园林的形成与发展研究　项目编号：17YJZH118
辽宁省自然科学基金指导计划项目：清盛京园林景观构成研究　项目编号：201602633

盛京园林的形成与发展

张健　李萌　李竞翔　著

中国建筑工业出版社

图书在版编目（CIP）数据

盛京园林的形成与发展 / 张健，李萌，李竞翔著 .—北京：中国建筑工业出版社，2017.12
ISBN 978–7–112–21710–6

Ⅰ . ①盛…　Ⅱ . ①张…　②李…　③李…　Ⅲ . ①古典园林—建筑史—研究—沈阳—清代　Ⅳ . ① TU-098.42

中国版本图书馆 CIP 数据核字（2017）第 318575 号

责任编辑：刘　川　柳　冉
责任校对：芦欣甜

盛京园林的形成与发展
张　健　李　萌　李竞翔　著
*
中国建筑工业出版社出版、发行（北京海淀三里河路9号）
各地新华书店、建筑书店经销
北京京点图文设计有限公司制版
北京京华铭诚工贸有限公司印刷
*
开本：880×1230毫米　1/32　印张：5⅞　字数：175千字
2017年12月第一版　2017年12月第一次印刷
定价：39.00元
ISBN 978-7-112-21710-6
（31558）
版权所有　翻印必究
如有印装质量问题，可寄本社退换
（邮政编码 100037）

内容摘要

沈阳市又称“盛京”“奉天”，位于中国东北地区南部，是辽宁省省会，拥有两千三百多年的历史和丰厚的文化积淀。以沈阳为中心，在辽宁中部地区产生和发展起来的盛京园林，具有景观形象粗犷质朴，景观文化兼纳互融的鲜明风格，是中国独具特色的地方园林景观。然而，一直以来关于盛京园林景观形象和景观文化的研究成果极少，更缺乏关于其形成与发展的系统研究和理论研究，这种情况导致了盛京园林景观文化和景观特征在中国园林体系中地位和内容的缺失，也阻碍了沈阳地区历史文化的传承与发展。

本书通过对大量历史资料和文献资料的查阅，同时对沈阳及周边地区现存的园林景观实例及遗址进行实地调研和测绘，形成了丰富的资料积累和研究基础，系统地研究了以辽宁中部地区园林景观为代表的盛京园林的形式和内容，以及其伴随着沈阳等城市的建立与发展所形成的演变过程。本书主要介绍了唐代以前、唐代、辽、金、元、明、清、近代等多个不同历史时期的城市建设与园林景观建设情况，总结和分析了盛京园林景观的类型、内容、形式、地域文化与历史背景，最终归纳总结出以沈阳地区园林为代表，在辽宁中部地区所形成的盛京园林景观特征和文化特点。

唐代以前，沈阳城的主要功能是戍守防卫，作为边塞戍卫城市和少数民族地区，从战国时期建设的侯城，到唐王朝再次掌控这个地区，其间几乎没有人工营造的园林景观。唐代及以前，这一地区的景观环境以自然景观为主，唐朝以后才开始有少量因寺庙建筑所形成的具有宗教色彩的景观环境。

辽金时期，因为上层统治者在此建城安置俘民，城郭数量剧增，城市建设十分繁荣。当时在沈阳地区以沈州城面积最大，城市形态初具规模，经济文化发展繁荣。当时景观环境仍然主要是以山、河、树木、花卉等自然风景为主，有意的人为景观建设较少。

元明时期，城市景观与辽金时期比较，有了一定程度的发展和变化。元代兴建的沈阳路城，是后来盛京古城的基础。到了明代，城市的规模进一步扩大，城市的功能分区也更加完善了，景观环境内容十分丰富，既有自然景观，也有人工建设。沈阳城的形态基础基本确立，为随后盛京城的建设与发展打下良好的基础。

清代，是沈阳城市建设和发展的重要时期，园林景观建设也随之繁荣发展。清前期的盛京，城市形态和景观建设具有浓郁的满蒙文化特点和佛教文化氛围，与此同时，作为清王朝的陪都，城市中的各类园林建设也得以兴盛，出现了多种类型的园林景观。清中期因清帝东巡祭祖，盛京的城市与景观建设再度兴盛。而在这一时期，文庙、书院、学宫的出现与大量建设，体现了东北地区经济与文化建设的繁荣。然而，清代后期的盛京因日俄战争和社会动荡，大量的建筑和园林景观遭到了严重破坏，传统园林建设停滞。

近代是盛京园林景观发展的转型时期，随着政权的更替与城市的变迁，盛京园林景观也随之发生重大变化，传统的皇家园林被辟为城市公园，现代的城市公园和城市广场大量建成，日本本土的宗教建筑神社和附属园林也在这个时期大量出现在东北地区。随着现代城市规划方案的出台与施行，沈阳的城市绿地结构基本形成。

以沈阳地区园林为代表的盛京园林，在发展过程中形成了独特的园林风格与形象特点：地域气候环境的影响使之具有北方寒地景观的鲜明特征；悠久的历史和多民族文化的影响，形成了以汉民族文化为主体、融合多民族文化特征的园林形象。盛京园林景观既有中国古典园林的文化内涵，又有着北方少数民族文化气质所形成的外在形象特征，地域风格鲜明而独特。盛京园林也是中国北方园林的重要组成部分，应重视相关研究，保护现有的遗存，并通过有效地研究和保护工作，将盛京园林文化传承下去。

目　录

第1章 绪 论

辽宁是清王朝的发源地，位于辽宁中部地区的辽阳市和沈阳市都曾先后成为东北地区的中心城市和清初的都城。自1625年努尔哈赤迁都沈阳后，政治经济中心也随之从辽阳转移到沈阳。两个城市相距不远，而且在文化和历史发展方面，沈阳几乎是辽阳的延续，在清王朝迁都北京后一直作为陪都，被称作“盛京”，是“一朝发祥地、两代帝王城”的所在。以此二城为中心的辽宁中部地区，包括铁岭、抚顺、海城、营口等多个城市和地区，自古以来就是多民族聚居的地方，在清王朝建立之后，作为“龙兴之地”得到大力建设。而以清代辽宁中部地区为代表的盛京园林，即辽沈地区的园林，形成了基于东北地域和气候特点，以汉文化为主体、具有多民族文化相互融合特征的且独具特色的园林景观形象。

在本书中，盛京园林的研究范畴界定为以沈阳为中心，包括沈阳周边的辽阳、铁岭、抚顺、海城等城市区域的辽宁中部地区，重点以清代盛京古城所辖区域，即现在沈阳市行政区域内的古建园林为研究对象，并部分涉及位于辽阳、铁岭、抚顺、海城等城市辖区内的案例。若无特别说明，书中所涉及的研究区域和案例均位于现在沈阳市所辖区域。

1.1 历史沿革

沈阳城市的历史最早可追溯到距今约七千二百年前的新乐人类遗迹，而公元前300年左右的战国时期，凭借其显要的地理位置而成为军事重镇侯城，正式开始了城市发展历史。清代以前，沈阳地区的城市建设与景观建设可分为以下五个主要阶段：

一是战国至唐代时期。沈阳地区在战国时期初建侯城，发展至汉代形成边长约500米的方形城池，城内开辟有十字形街道。在高句丽政权统治时期，沈阳地区建设有石台子山城、塔山山城等。唐代将沈阳地区重新纳入中原的统治，并在此建盖牟州。这段时期是沈阳地区城市建设的初始阶段，因社会与政治的动荡，城市建设发展缓慢。

二是辽金时期。沈阳地区城郭数量剧增，出现了前所未有的繁荣局面。当时沈阳地区的主要城池有六处:沈州城、辽州城、祺州城、集州城、广州城、双州城，其中以沈州城面积最大。这段时期城市形态初备，规模有所扩大，城市的经济文化发展繁荣。

三是元明时期。元、明两朝代的沈阳,城市景观与辽金时期比较，有了一定程度的发展和变化。在辽代沈州城的基础上，元代兴建了沈阳路城，明代修建了沈阳卫城。元代沈阳路城的规模进一步扩大，明代在公元1388年对沈阳中卫城开始大规模重修，拓展了城市规模，完善了城市的功能分区，兴建了各类宗教建筑和机构。至此，沈阳城的古城范围基本确定下来，为清代盛京城的大规模建设与发展打下了良好基础。

四是清代。这是沈阳城市建设和发展的重要时期，园林景观建设也随之繁荣发展。作为清王朝的陪都，城市中的各类园林景观建设也得以兴盛，出现了皇家园林、私家园林、寺观园林、公共园林等多种类型的园林景观，体现了清代的历史与文化特色。然而清代后期社会动荡，城市和乡村受到战争的洗劫，大量建筑和园林景观遭到了严重破坏，传统园林景观建设停滞。

五是从民国期间建立到抗日战争结束的近现代。这段时期是盛京园林景观发展的转型时期，沈阳经历了奉系军阀、伪满政权的统治，成了当时日本在中国的主要侵占城市之一，城市和园林景观发生重大变化，传统的皇家园林被辟为城市公园对外开放，带有现代城市规划理念的城市公园和城市广场大量被建设，城市绿地结构基本形成。

1.2 园林类型

清代以前，沈阳城作为边塞戍卫城市和少数民族地区城市，几乎没有人工营造的园林景观。到了清代，一跃成为东北地区的中心城市后，盛京地区的园林景观建设十分兴盛，盛京地区的园林类型也异常丰富，几乎拥有中国古典园林的全部类型：皇家园林、私家园林、寺庙园林、公共园林、衙署园林、书院园林，还有极具地域文化特色的少数民族园林。本书将参照周维权先生在《中国古典园林史》一书中的分类方法，划分园林建设年代，并对清盛京地区的园林类型进行分类汇总。

清前期是指从努尔哈赤定都盛京至康熙皇帝即位这段时期（公元 1625–1661 年）。该时期盛京园林的建设以皇家要求为主导，主要有皇家园林御花园（后为长宁寺）、盛京宫苑、皇家陵寝福陵、昭陵等；寓意护国祈福的敕建寺观，四塔四寺、堂子庙、实胜寺等；初步形成了宗教寓意浓郁、外圆内方的城市形态。

清中期从康乾时期开始至鸦片战争发生前（公元 1661–1840 年），是中国封建社会最后的鼎盛时期，盛京园林的建设因康熙和乾隆的频繁东巡而兴盛，也是盛京园林类型最丰富时期。主要内容有：增建扩建了皇家宫苑——盛京行宫，永陵、福陵、昭陵得到扩建，增建了皇家寺庙等；民间园林景观建设兴盛，出现了公共园林景观——盛京八景（或曰十景），以及宅邸私园、各类寺庙园林等；文化景观建设兴起，各个城市的文庙在这一时期大量建设，代表东北文化景观的辽东三大书院及附属园林出现了。

以 1840 年的鸦片战争为时间分界线，清晚期直至民国期间建立的近代，盛京及整个东北地区饱受外国列强蹂躏，特别是日俄战争时遭到严重破坏。风景如画的郊野景观消失，传统的城市面貌也被逐步蚕食，宫苑、寺观园林和城市景观被严重破坏，园林建设基本停滞，御花园（长宁寺）等部分古典园林景观被湮灭。西风东渐之下，新型的园林类型——城市公园出现在古老的盛京城，奉天公园、万泉公园等具有现代意义的公共园林出现了。

盛京园林在发展的过程中，不同的历史阶段都受到社会、民族、宗教、外来文化等众多因素影响。同时，作为一个多民族聚居的城市，包容了以满族、汉族为主体，兼有蒙古族、藏族、朝鲜族、回族、锡伯族等多个民族的民俗文化，呈现出多元文化特征，这些特征共同构成了盛京园林的独特风貌。

1.3 发展分期

盛京园林与中国古典园林的发展进程大致相同，但由于受其所处地理位置和城市功能属性的限制，城市园林景观的出现时间略晚于中原地区，并且园林的建设水平相对比较落后。盛京园林从兴起、发展、转折再至新的发展建设，先后经历了以自然景观为主时期、古典园林发展时期、园林文化转折期以及现代园林景观建设时期，这四个阶段。

1.3.1 自然景观为主时期——战国至明代(公元前300年-1624年)

早在夏、商、周时期，中国中原地区就已经进入了古典园林的萌芽期，出现了园林的雏形。而始建于战国时期的沈阳城，在战国至唐代时期只是一个以军事防卫为主要功能的侯城，并没有关于当时城市园林和景观建设的记载。直至发展到辽金时期，沈阳地区被称为“沈州”，当时佛教文化盛行，出现了大量的佛寺、佛塔，如辽代无垢净光舍利塔、沈州城北门外的崇寿寺及白塔、塔湾的回龙寺及舍利塔、白塔铺的弥陀寺及白塔等，寺观成为当时市民的公共活动场所，寺观园林随之兴起。同时城中也建设了观景的亭、台、楼阁等，成为当时为数不多的园林化景观。

元、明两代，沈阳城的园林与辽金时期相比，数量更多，形式更为丰富，城市规模初备，园林化景观的位置多是结合城市建设而出现。当时沈阳城中著名的寺观景观有长安寺、中心庙、城隍庙、弘妙寺、崇寿寺、回龙寺、通玄观、三官庙等。另外，明代建造的浑河木桥、沙河木桥和蒲河木桥，与浑河两岸共同形成了优美的自然景观环境，可供文人墨客休闲娱乐。

总体来说，在清代之前是以自然景观为主的时期，虽然沈阳地区园林的类型、数量和园林要素比较单一，但已为清代盛京园林的形成发展打下了基础。

1.3.2 古典园林发展时期——清前期至中期（1625–1840年）

清代前期一般是指自努尔哈赤建立后金（后改称清），到顺治迁都北京，直至康熙即位的这段时期，也是盛京城从普通的戍卫城市一跃成为地区中心城市的时期，这段时期盛京的主要城市形态和城市设施初具规模。而清代中期一般是指从康熙即位到鸦片战争，包括康乾盛世的这段时期。清前期和中期是盛京城快速建设发展、城市功能和城市形态形成的主要时期，也是盛京园林逐渐发展成型并走向繁荣的重要阶段。这一时期，盛京城具有宗教意味的曼陀罗平面格局已完全形成，经济文化都呈现出繁荣昌盛的局面。当时盛京园林类型主要有：皇家园林、寺庙园林、公共园林等。皇家园林分为皇家宫殿园林和皇家陵寝园林两部分。此外，皇太极时期建设的御花园（清迁都北京后改为长宁寺）也是当时皇家的避暑胜地。

盛京皇家宫苑在清王室入关前和入关后不同时期进行的建设，风格各有不同。其中，努尔哈赤时期建设的东路部分满族特色比较明显，皇太极时期建设的中路受汉族文化影响，逐渐形成与北京故宫相似的合院式空间。而康乾时期建设的西路和东、西所，有着更为浓厚的汉文化意蕴。盛京皇宫西路的戏台、嘉荫堂、文溯阁、仰熙斋、九间殿等建筑，完全仿照北京故宫、圆明园等宫内建筑布局，与北京故宫的御花园、宁寿宫花园中的建筑同样富有园林意趣。这一时期的建设可以说是已经全面汉化了。盛京皇宫及宫苑在清帝东巡的过程中规模逐渐扩大，东、西所内一些建筑也大多仿照北京或江南著名建筑而建，皇宫中的游廊、山石、植物配景丰富，成为典型的北方皇家园林景观。

皇家陵寝园林主要有福陵和昭陵，两陵的格局在康熙年间最终完成，基本模仿了明皇陵的北京长陵、南京孝陵的形制，由神道和陵宫两部分组成，周边设有风水墙，其山形、地势、宫殿、牌坊、植物等都属于比较成熟完善的皇家陵寝园林形制。

清代盛京的寺观园林发展十分兴盛，著名的寺庙有实胜寺、护国四塔四寺、堂子庙、太庙、文庙、慈恩寺、般若寺、太平寺、无垢净光舍利塔、太清宫等，以及药王庙、娘娘庙等民间建设的寺庙。这些寺庙的园林化景观环境被当时的文人墨客大为推崇，并留下了许多诗文予以赞美，使之成为当时的游览胜地。

清代的盛京地区也形成了丰富多样的公共园林，在著名的盛京八景中，“辉山晴雪”、“浑河晚渡”、“柳塘避暑”、“花泊观莲”都属于公共园林景观的范畴。除此之外，还有并称为盛京三大书院的银冈书院（铁岭）、萃升书院（沈阳）、襄平书院（辽阳），书院内的景观环境和建筑布局代表了盛京书院园林景观环境的特点。

盛京园林的主要建设和发展在清代的前期和中期，园林类型和构成内容较为丰富、建造数量有所增加。清前期的园林景观建设主要以皇家建设为主，如皇家宫苑、敕建寺庙等。到了清中期，随着社会经济文化的繁荣，民间自发的建设也逐渐增多。园林类型多样，内容也逐渐丰富，造园风格、内容、形式相对于前一阶段有了飞跃的发展，是盛京古典园林建设发展的顶峰。

1.3.3 园林文化转折时期——清晚期至民国建立（1840–1911年）

清代后期是指鸦片战争到民国期间建立的这段时期，是盛京园林发展史上重要的转折期。中国逐步沦为半封建半殖民地国家，清政府已无暇顾及陪都盛京的建设，盛京的传统园林建设由兴盛转向衰落。

鸦片战争后，随着清朝皇帝东巡祭祖活动的停止，盛京城的城市与园林建设也趋于停滞。特别是在日俄战争期间，沈阳的多处古典园林景观遭到严重破坏。盛京皇宫、城墙、寺庙、皇陵等都遭到不同程度的破坏，许多著名建筑和园林甚至自此消失了，而尚存的宫苑、陵寝、寺庙及其他城市公共设施，也因政府无力修缮而日渐破败。

日俄战争后，日本接管了南满铁路的控制权，满铁附属地以一种殖民新城的姿态出现在古老盛京的西部，西方的文化和理念也挟势进入并传播开来。随着外国列强的入侵和西方文化的进入，盛京也被迫通商开埠。城市中出现了以教堂庭院为代表的西式园林，如小南天主教堂庭院、东关基督教堂庭院，以及具有现代感的城市公园、城市广场等。

清末实施的“新政”在一定程度上促进了20世纪初沈阳的城市建设与发展。当时的政府支持和鼓励“自行开放和开发商埠地、改造老城区、创建近代化市政管理系统、发展近代工业”，沈阳的城区面积自此迅速扩大，商埠地也开始日渐繁荣，城市的现代化建设和发展初具雏形。在园林建设方面，出现了中国人自主建设的城市公共园林:万泉公园和奉天公园。其中，万泉公园始建于1885年，是以“盛京八景”之一的“万泉垂钓”所在地发展而来，主要以民间集资建设为主；而奉天公园则是由政府出资兴建，建于1907年，是当时新政下的城市重要建设项目之一。

现代城市公园的出现，是盛京园林进入到近代历史发展时期的标志。这一时期，西方的景观文化和审美情趣开始影响古老盛京的城市面貌和园林形象，公园的围墙、大门、植物景观、水系、拱桥、亭榭、楼阁等景观内容及设施丰富，形象洋化，规划设计大多采用西方的设计手法。城市公园和城市广场等近现代城市园林景观的出现，标志着盛京园林进入到了一个新的发展时期。

1.3.4 现代城市园林景观建设时期——民国初年至“二战”结束（1912–1945年）

清王朝覆亡后，沈阳进入到城市现代建设时期，受西方城市规划思想和景观建设思想的影响，各种类型与形式的城市公园、街边绿地、广场开始大量涌现，综合的城市绿地系统雏形逐渐形成。

近代时期是沈阳政治、经济、文化发展变化较大的时期，城市公共园林的出现改变了以往园林只为少数人服务的理念，园林景观建设呈现出中西合璧的局面。在民国奉系军阀统治时期，出现了很多著名的私家宅邸园林，如张氏帅府花园、王明宇公馆、王维宙公馆等。而古老的皇家禁地——清昭陵和清福陵，被开辟为城市公园对公众开放。在盛京古城西面的满铁附属地，出现了日本人建设的殖民地公园——春日公园、千代田公园（今沈阳中山公园）等。

伪满洲国统治时期，沈阳被作为日本侵占地的工业中心城市进行建设，在《奉天都邑计划》的指导下，先后又建造了大量的城市公园与城市广场，较大的有长沼湖公园和百鸟公园，多个儿童游园和街心花园等城市绿地，以及一定数量的城市广场，有奉天驿（今沈阳站）前广场、中央大广场（今中山广场）、平安广场（今民主广场）、朝日广场（今和平广场）、铁西广场等。

近代沈阳在日本侵占后的建设对盛京园林带来的影响，主要体现在以下两个方面：

一是带来了西方的城市公园和城市广场的建设理念，对城市园林绿地系统的形态和构成产生巨大影响。日本在占据沈阳期间，基于侵略目的而开发工业、修筑铁路，扩大了城区面积。而且系统地规划了城市绿地范围，开辟和修建了很多城市公园和城市广场，如春日公园、千代田公园、长沼湖公园、奉天驿站前广场、中央大广场、平安广场等，这些公园和广场的规划布局及功能分区都采用了西方的城市规划理念。

二是部分城市园林景观形象受到当时的日本文化影响，留下了时代的烙印。例如：位于沈阳满铁附属地的千代田公园（今中山公园），在园中建造有带有日本文化色彩的忠魂碑、忠灵塔和鸟居神社等。如今中山公园中的水塔、下沉广场等，便是这个时期的建设遗存。

1.4　景观文化特征

中国的古典园林，不仅包括北方的皇家园林、江南的私家园林，还有丰富多样的地方园林，如岭南园林、关中园林、四川园林、西藏园林等。沈阳地区位于中国东北部，曾是清帝国的陪都，其园林凭借独特的地域气候特征和文化传承因素，形成了具有代表性的严寒地区园林景观类型——盛京园林。盛京园林整体表现出北方文化的豪放、粗犷、质朴的气质特点，与中原、江南等地精巧玲珑的园林景观形成强烈对比。

1.4.1　中国古典园林的重要组成部分

中国园林体系的三大代表性核心区域分别是北方皇家园林、江南私家园林和岭南园林。其中，北方皇家园林以北京的皇家园林为代表，规模宏大，位于古代政治中心，建筑富丽堂皇。盛京的皇家园林，因发展历程相对较短，园林的数量与种类都不如关内地区的园林丰富，并且受自然条件所局限，河川、湖泊、园石和常绿树木都较少，而且风格粗犷，缺少江南园林和岭南园林的俊美秀丽。但盛京的皇家宫殿园林与皇家陵寝园林各有特点，与北京的皇家园林形成对比与补充，是中国北方皇家园林的重要组成部分，丰富了中国北方园林体系和内容，也是中国古典园林的重要组成部分。

1.4.2　满汉多元文化融合而特征独特

以盛京皇家园林为例，它与北京皇家园林一样同属于清朝的宫殿园林，也都受到清文化的影响，不过北京的皇家园林建造时间较早，在明朝时期已经有了相当的规模，清王朝进入北京后并未对明朝的宫殿和园林进行根本的改变。而盛京皇家园林的早期建设，如沈阳故宫的东路和中路，满族文化特色比较明显。由于中后期受到汉文化影响，其西所和西路的建设不仅完全汉化，而且颇具江南园林意趣。总之，盛京皇家园林受满族、汉族等民族多元文化影响而特征独特，是东北地区园林特征和园林文化的代表，是中国地方园林体系中特色鲜明的成员之一。

1.4.3　北方寒地园林特色鲜明

中国地域广大，幅员辽阔，受地域文化和地理气候等因素的影响，景观形象和园林构成各有特色。位于中国东北的盛京园林，凭借独特的民族文化、地域文化和环境气候等因素，形成严寒地区园林景观，园景四季分明，气质粗犷质朴，在园林的空间布局、建筑与小品、植物、装饰色彩等方面，体现出东北地区特有的寒地气候环境特点和满族文化特色，与中国其他地区的园林景观构成和特点形成了强烈对比。

1.4.4 烙刻时代的印记

自清末开始，沈阳先是成为沙皇俄国远东铁路建设的组成部分，后来又成为日本的占据地，先后受到日俄两国的政治和经济文化的影响，使得近代沈阳的城市和园林建设不可避免地带有时代的文化烙印。该时期文化的影响促进了近代沈阳城市面貌的改变和城市建设的发展，也促使盛京园林产生了规模、形式和功能与西方城市公园基本一致的公共园林，并留下许多近代历史形成的时代印记。因此，盛京园林具有的景观文化更加多元，景观形象更加丰富，有着恢宏大气的特点。

1.5 研究意义

盛京园林作为园林的一部分，它的产生与沿革既有中国古典园林发展的一般特点，又具有其在地域文化影响下的特殊性。盛京园林在中国园林体系中具有鲜明的东北地域与文化特点。但在目前对于盛京园林的研究还是非常薄弱，存在认识不足、研究力量缺失的问题，甚至有部分研究者认为在东北地区不存在古典园林。因此，认识并研究盛京园林，了解其景观特征和文化价值，对现今东北地区城市园林景观建设与发展有着极其重要的意义。

盛京园林是在以沈阳为中心的辽宁中部地区形成的具有东北地域文化特点，并适应北方地理气候特征的地方园林，有着北方文化的豪放、粗犷、质朴的气质特点，与中原、江南等地的园林特征风格迥异。盛京园林在其发展过程中，受到了多民族文化、清代盛京文化、近代日俄侵略者统治的影响，园林的景观形态、空间布局、选材用料等要素特征鲜明。盛京园林的产生与发展既有中国园林的普遍特点，又具有其在地域文化影响下的独特气质，在中国园林大体系和地方园林体系中的地位重要，具有极其独特的研究价值。

1.5.1 传承盛京园林文化

传承盛京园林文化传统、延续古城历史文脉的工作，随着现代城市的快速发展而变得紧迫。如清代时围绕盛京老城区建造的四塔四寺，在清末民初的动荡中仅北塔法轮寺保存完好，东塔永光寺、南塔广慈寺现仅存白塔，西塔延寿寺由于过分残破于1968年被拆除。又如盛京古城城区，今称为沈阳“方城”的范围内，存有大量诸如沈阳故宫、张氏帅府等的传统园林和景观，传统景观风格浓郁，但沈阳的“方城”也是沈阳市最繁华的商业区域，与古老传统建筑和园林景观的保护形成了强烈的矛盾。面对这些问题，不仅需要对古建园林保护工作的重视，还要明确借鉴与传承的文化内容，有计划有目标地开展保护与开发工作。因此，对盛京园林发展历史和园林文化内容的研究不可或缺。

1.5.2 完善古建园林的保护

盛京园林在发展历史上历经波折，特别是在清晚期，许多著名的建筑与园林毁于战火，消失于历史的变迁之中。即使现存的古建园林，也由于很多建筑和园林残缺不完整，相关的资料欠缺，亟待发掘整理和深入研究。因此，对现有古建园林的保护和研究，不仅应注重对其建筑进行保护，也应着重于园林的风格、色彩、形式、空间布局等方面的复原，以及对代表盛京园林特色的植物、特色景观、园居活动等内容的展示。尊重其在历史发展过程中形成的特点，制定科学合理的经营管理制度，实现对古建园林在合理开发建设的同时得到有效保护的目的。

1.6 小结

盛京园林的发展过程基本与中国园林大系统的发展历程一致，只是由于受到所处的地理位置和历史文化的影响，使得真正的园林建设时间较晚。中国园林以盛唐大发展为基础，在清代走向成熟期，而盛京园林则在清代才开始大规模的建设和发展，这是二者最大的不同。盛京园林在其发展过程中，受到地域文化、历史文化、多民族文化，以及地理气候等多方面因素影响，形成北方寒地园林景观的格局和季相特征，表现出粗犷大气、质朴自然、多元文化融合的风格与特点，是东北地区园林特征和园林文化的代表。作为中国北方古典园林的重要组成部分，对盛京园林的深入研究具有极大的历史与文化意义。

第2章　唐代及以前的城市情况

沈阳历史文化悠久，拥有7000多年的人类居住史和2300多年的建城史。在漫长的历史岁月中，城市多次被战火摧毁，又多次得以重建，从最初的北方边塞军事卫所逐渐发展至清王朝的开国都城和后来的陪都，直至现在成为东北地区的中心城市和交通枢纽，城市的区域地位在不断提高，城市的建设规模也在不断扩大。在漫长的历史进程中，沈阳古城沉积了各个朝代丰富的历史文化，底蕴丰厚。据考古研究，沈阳老城区地下的文化堆积层达到6米以上，是东北地区最具影响力的历史文化古城。沈阳的城市建设历史虽然悠久，但相关的景观环境建设记载却极少，特别是在唐代以前，由于远离中央政治中心，当地各种政权的更迭和战乱，辽东地区在当时成为“边远、荒凉”的代名词。

2.1　城市与名称的演变

沈阳城的建设可追溯到公元前300年左右的战国时期，当时燕国的大将秦开攻打到辽东地区，并且在该地区修建了方城（即侯城），成为今天沈阳城最早的雏形。到秦汉时期，侯城属辽东郡，一直属中原地区管辖，城市不断发展并初具规模。然而，在东汉末年，中原战乱使中央政府无暇且无力顾及遥远的辽东地区，少数民族政权高句丽乘机占据了这一地区，侯城由于高句丽的入侵而遭到焚毁。之后虽有所建设，但在这段时间城市建设发展非常缓慢，城池逐渐被荒废。直到隋唐时期，辽东地区再次被中央政府重视起来。从隋文帝杨坚、隋炀帝杨广，到唐太宗李世民，都曾多次东征高句丽。直至公元668年，唐朝东征成功，高句丽灭亡，侯城以及其所辖地区重新被纳入中原政府的管辖范围内，城市建设也再度繁荣起来。

2.2 城市建设及景观建设

唐代以前，侯城的发展几经波折，从战国时期的侯城到唐朝时期的盖牟州，城市的名称和地位不断发生变化（表2-1），但是其城市的主要功能一直以戍守防卫为主，是东北地区的军事屏障。唐代之前的沈阳城屡次受到战争的摧毁，建设与发展极为缓慢，可以称作园林景观的建设几乎没有，只有寺庙及其景观环境可以算作公共游览地。总的来说，在唐朝及以前的沈阳地区，城市建设大致可分为以下几个阶段：战国至东晋时期（公元前300–公元403年）、高句丽政权时期（公元404–644年）、唐朝时期（公元645–920年）。

唐代以前沈阳城名称的历史变迁　表2-1

名称	时期	所属区域
侯城	战国至东晋（公元前300–公元403年）	辽东郡、玄菟郡（公元107年后）
盖牟城	高句丽政权（公元404–644年）	辽东地区
盖州	唐代（公元645–667年）	辽东地区
盖牟州	唐代（公元668–920年）	辽东地区

2.2.1 战国时期

沈阳城始建于公元前300年左右的战国时期。据《史记·匈奴列传》记载，约公元前300年，战国时期燕国的燕昭王派遣大将秦开北却东胡，东逐朝鲜，修铸长城，建上谷、渔阳、右北平、辽西、辽东五郡以拒胡。五郡的设立首次将东北南部的广大地区纳入燕国的管辖范围之内。燕国实行郡县制度，在辽东郡下设置县城。据《汉书·地理志》记载："辽东郡（秦置，属幽州），户五万五千九百七十三，口二十七万二千五百三十九。县十八：襄平、新昌、无虑（西部都尉治）、望平、房、侯城（中尉都尉治）、辽队、辽阳、险渎、居就、高显、安市、武次（东部都尉治）、平郭、西安平、文、番汗、沓氏。”这是关于辽东郡下属县城的最早记载。其中侯城就位于如今沈阳的老城区，即沈阳方城内（图 2-1）。“侯”有守望、侦察的意思。在古代，长城边塞上用来瞭望敌情的设施就称作“侯”。因此，沈阳地区的侯城早期功能就是长城边塞上的一座障城，具有守护边境的作用。景观环境就是自然的风光，除了城防建设，并没有营造其他的人为景观。不过它很快由长城边塞上的侯障之城发展成为县城，城的规模也有所扩大。

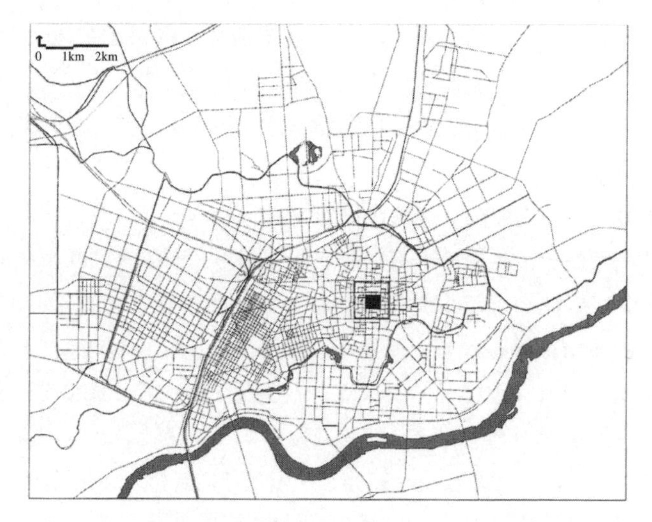

图 2–1 汉代侯城城址示意图（注：黑框为清沈阳方城，黑点为侯城位置）

2.2.2 秦汉时期

随后秦承燕制，汉承秦制，辽东等五郡的建置并未发生很大变化。侯城作为辽东郡的下属县城，在秦国至汉代时期和平、稳定地发展，人口达到 20000 人以上，城市逐渐走向繁荣。据多次考古发掘的结果分析，汉代侯城的平面图呈方形，单边长约 500 米，面积约为 0.25 平方千米。城四向各设一门，城内为“十”字形街道，官署等行政机构大致位于城内东南部。可以说这是唐代之前沈阳地区经济、文化最为繁荣的时期，沈阳地区出土的汉代文物也大多属于这一时期。

东汉时期（公元106年），辽东郡东部——玄菟郡（郡址在今沈阳东陵区上伯官屯）境内的高句丽少数民族实力壮大，不断入侵，首先占领了玄菟郡的腹地，在今抚顺市浑河北的高尔山上建立山城，称“新城”。这使得玄菟郡的辖境被迫缩小，辽东郡的侯城与辽阳、高显三县被划入玄菟郡的管辖范围之中。在高句丽犯边的战火中，侯城被摧毁，虽然战争结束后侯城有所修复，但也由此开始衰落。

2.2.3 高句丽政权时期

公元404年，高句丽夺取整个辽东地区，占领辽东200多年。这是辽东地区历史上经济、文化发展最缓慢的时期。高句丽作为地方割据政权，相对于发展经济和城市建设而言更注重武备力量。于是，将大量的人力、物力投入到充实军事武装中。由于高句丽特有的山城文化，因而在辽东地区修筑了大量石砌山城。当时沈阳地区位于高句丽统治区域的西部，是通向辽东城、新城，乃至平壤的必经之路。因此，高句丽政权十分重视沈阳的地理位置，在其境内修建了两座山城（石台子山城和塔山山城），作为西部重镇。其中塔山山城在当时又被称为“盖牟城”。但是，由于高句丽政权对于平原城市的建设不重视，原有的侯城城址得不到建设，逐渐堙没于废墟之中。在高句丽政权统治期间，沈阳地区的经济、文化发展滞缓，城市建设方面趋于停滞，更谈不上对园林景观环境的营造了。

2.2.4 隋唐时期

公元581年，隋文帝杨坚建立隋朝，结束了中原地区持续几百年的战乱与分裂局面。之后，隋文帝东征高句丽，但由于粮运不济、将士染病、后勤补给难以为继等问题，再加之高句丽通过上表谢罪等方式示弱，而取消对其征讨。隋炀帝杨广继位后，连续三次东征高句丽，但都未能成功，反而因劳民伤财，动摇了大隋王朝的根基。公元618年，李唐王朝在隋末战乱的基础上建立。在中原战乱平息之后，公元645年，唐太宗派遣李勣东征高句丽，攻破盖牟城，在此建盖州。直至公元668年，唐朝灭高句丽，在辽东地区重置州县，并将盖州改称为盖牟州，重新将辽东地区归入中原中央政府的管辖范围中。

随着中央政权对辽东地区的统治力日益加强，辽东与中原地区文化交流也日益频繁，城市建设也随之繁荣起来。这个时期的城市内已建设大型寺庙，据说，著名的沈阳长安寺就建于这一时期。与此同时，描写辽东地区城市和景观形象的文学作品开始大量出现。从唐代的诗歌当中就可以看到许多有关辽东的作品，可以大致了解唐代时期沈阳及周边地区的城市与景观环境的面貌。

唐代末年安史之乱（公元755–723年）后，中原地区对辽东地区的控制力逐渐减弱。历史学家金毓黼在《东北通史》中对唐末的辽东地区作如下论述："是时辽东南部之地，殆同瓯脱，唐人有之而不能守之，渤海欲略取之而又不敢，新罗虽渐统一朝鲜半岛，略平壤之地而有之,亦不敢远越鸭绿江而西,以重结怨于唐。"因此，唐朝灭亡后，公元918年，辽太祖耶律阿保机进入辽东，该地区空虚无人，不受任何政权控制，属于和平占领辽东。至此，当时被称为沈州的沈阳古城开始进入了长达200余年的辽代政权统治时期。

2.3 相关文学记载

从春秋战国至唐朝的诗歌散文等文学艺术作品中，关于辽东地区景观环境的记载和描写多数以战争题材为主，例如：傅玄的《鼓吹曲征辽东篇》、杨广的《纪辽东二首》、李世民的《伤辽东阵亡》等。在唐朝诗人王建的《辽东行》中，描绘了辽东大地壮阔苍凉的景观："辽东万里辽水曲，古戍无城复无屋。黄云盖地雪作山，不惜黄金买衣服"。不过也有少量诗歌描述了当年辽东地区优美的自然风景。例如，李世民的《辽城望月》中就出现了"隔树花如缀"、"魄满桂枝圆"的诗句，表现出当时云遮光隐、树木茂盛、花满枝头的美好景象，展现出当时东北地区的辽东城（即今辽阳）树木繁茂、鲜花盛开的自然景观。此外在骆宾王的作品《送郑少府入辽共赋侠客远从戎》中也有"柳叶开银镝，桃花照玉鞍"的诗句，根据该诗的历史背景分析，这是一首描写沈阳地区自然景观环境的作品，诗句的大意：正值初春时节，沈阳地区应是柳绿花红的景色，郑少府的银镝可穿柳叶，坐骑在桃花映衬下也格外生辉。

根据以上诗句的记载可以推测，当时沈阳地区虽无园苑等人工刻意营造的园林化景观，也很少有亭、台、塔等私家或公共的景观构筑物，但由于该地草木丰茂、林壑优美，与柳树、桃树等树木以及花卉、植被等观赏植物构成的自然景观环境相得益彰，使人心旷神怡。

2.4 景观环境的特点

总体来看，从战国时期，侯城最初的建立至唐朝时期的盖牟州，城市一直作为军事重镇而存在，并且这其中还经历了历次战争的摧毁、重建的过程。战国时期，沈阳地区侯城初建。城市发展至汉代，形成了边长约500米的方形城池，并在城内开辟十字形街道。在高句丽政权统治时期，平原地区城市建设基本停滞，而该地区的山城建设众多，当时在这一地区建设有石台子山城、塔山山城等。到了唐代，沈阳地区被重新纳入中原政权的统治，并在此建盖牟州。从战国至唐朝，是沈阳地区城市建设的初始阶段，但因政权的更迭与社会动荡，城市建设发展缓慢。城市名称的多次变化，实际上就是沈阳古城因战乱和政权的变化多次被毁，然后又再次重建的史实。

沈阳古城从春秋战国至唐代，只是一个以军事防卫为主要功能的侯城，有关当时这个城市园林和景观环境建设的文字史料记载极少。总体来说，在这段时期城市规模较小，功能以戍边防卫为主，在汉代和唐代有过相对和平、繁荣的发展阶段，虽为期不长，但也为汉文化在此地的传播打下了坚实的基础。从唐代开始，城市的建设规模和建设内容有所扩大，已建设有较为著名的寺庙，丰富了城市建设内容和城市景观形象。

2.5　小结

总的来说，唐代之前的城市景观环境即使在和平时期也没有过多的人为刻意营造，基本是完全自然的景观环境，而且景观构成要素比较单一，主要以植物景观和自然风光为主，风景虽然优美，但缺少人工的积极介入。

从战国时期的侯城至唐代的盖牟州，不同的历史时期，城市功能随着城市地位的变化而有所不同。因其不属于地区中心城市或重要城市，在经济和文化建设方面较为薄弱，而城市的景观环境建设更加不被看重，除了寺庙及所附属的景观环境，仅在城市附近出现一些环境优美的景观场所来满足人们的精神文化生活需求。这一时期沈阳地区的城市景观特征总体表现出质朴、自然的风格特点。

第 3 章　辽金时期的城市与景观

沈阳古城出现于公元前 300 年左右的春秋战国时期，由燕国大将秦开在此地区修建了侯城。因其位于中国的东北地区，在历史上多数时期远离中原政治权力中心，故而仅仅作为具有边境防卫功能的城市，城市的建设与发展较为缓慢。沈阳建城之后，历经秦、汉、魏、晋、南北朝、隋、唐等多个朝代的更迭，以及高句丽政权的统治，城市几经战火，多次被毁而又重建。

3.1　城市与名称的演变

在唐代经历了一段较为平稳的时期之后，唐代末年，中原藩镇割据，中央政府对辽东地区已毫无控制力。公元 926 年，辽太祖耶律阿保机进入并占据辽东，在原侯城的废墟上重新建立了沈州。自此，沈阳地区在近 200 年的辽王朝统治下，城市建设也得到了前所未有的发展。辽金时期，沈阳城被再次重建，并被改称为沈州。与此同时，城市建设飞跃发展，城市功能也由单一的戍卫功能转为具有经济、文化、居住等多功能的城市，而具有游娱性质的城市各类景观也逐渐丰富起来。

公元 1116 年，金太祖完颜阿骨打攻下了沈州城，金取代了辽的政权而统治东北地区，沈州城作为辽东的重要城市，得以继续留存并得到继续建设。然而，金代末年，蒙古骑兵在攻占辽东的战争中几乎再次将沈州城夷为平地。

3.2 城市建设与景观建设

3.2.1 城市建设

唐代末年，安史之乱（公元 755-723 年）后，中原地区对辽东地区的控制力逐渐减弱。历史学家金毓黼在《东北通史》中对唐代末年的辽东地区是这样描述的：“是时辽东南部之地，殆同瓯脱，唐人有之而不能守之，渤海欲略取之而又不敢，新罗虽渐统一朝鲜半岛，略平壤之地而有之，亦不敢远越鸭绿江而西，以重结怨于唐。”因此，唐朝灭亡后，公元 918 年，辽太祖耶律阿保机进入辽东时，该地区一片空虚，寥无人烟，且不受任何政权控制。至此，当时称为沈州的沈阳进入了辽金两代的统治时期。这段时期也是沈阳地区历史上继战国、秦汉以后第二个主要发展建设高峰期。辽国政权是由契丹族建立的中国北方少数民族政权，统治时间长达 200 余年，与中原地区的五代至北宋时期相齐。辽国疆域辽阔，人口众多，在辽代政权统治期间所统辖的城郭遍布长城南北，社会经济呈现出前所未有的繁荣局面。

神册六年（公元 921 年），辽太祖在曾经的侯城废墟上重建沈州城。沈州在辽代时属于东京（今辽阳）道，建城之初隶属于辽国皇帝中等规模的头下州军城，由节度使镇守，也是辽初帝王的私城，政治地位较高，下辖一州二县，分别为岩州、乐郊县与灵源县。沈州地处通往北部的交通要塞之处，东距高丽约 200 公里，地理位置十分重要。辽代沈州城址的具体位置已经难以确定，不过大致范围就在如今沈阳沈河区的盛京古城一带，约为北至中街，南到盛京路，西至正阳街，东到朝阳街的区域（图 3-1）。据推测，沈州城的平面形态为南北轴向的长方形，南北长约 750 米，东西宽约 700 米，周长约 3 千米，面积约为 0.5 平方公里。城墙为夯土构筑，东、西、南、北四向各设一座城门，沈州城内设“十”字形或“T”形的主要街道，城中分区明确。城北部集中设置有衙署等管理机构，城南部为汉民、渤海民、高丽民等俘民的居住区，西北隅是大型储粮机构。与汉代的侯城相比，沈州城的规模有所扩大，初步奠定了后来沈阳古城的基本形态，其经济、文化与城市建设也在辽代统治的200多年间得到迅速发展。

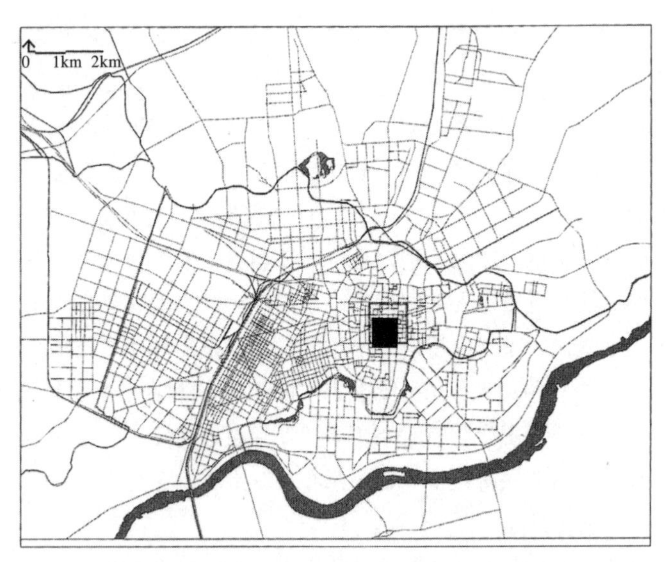

图3-1 辽代沈州城址示意图（注：黑框为清沈阳方城，黑点为沈州城位置）

此外，辽代沈州城周边还建有辽州、祺州、集州、广州、双州五座辽城。辽州城位于今新民市公主屯乡辽滨塔村，城址平面形态为方形，南北长约320米，东西宽约315米，城墙为夯土构筑，城四面各设一座城门。城内设有一座辽代八角十三层密檐砖塔，高约45米，即现在的辽滨塔。祺州城位于今沈阳市康平县郝官屯乡小塔子村，城址平面形态为长方形，南北长约340米，东西宽约260米，城墙为夯土构筑，在东、南、西三面设城门，城墙外壁建有马面，城门外侧筑有半圆形的瓮城，城四角筑角台，城墙外设有护城河。祺州城的西门外偏北有一座八角十三层密檐砖塔，高约25.4米，现称辽祺州塔。集州城位于今沈阳市苏家屯区陈相屯乡奉集堡村，城址平面形态为边长约500米的方形，城墙外壁修筑马面，四角设角台，四面各有一城门，并设有护城河。广州城位于今沈阳市于洪区高花堡乡高花堡村西约500米，城址平面形态为长方形，南北长约620米，东西宽约550米，土筑方城，设四门。双州城位于今沈阳市新城子区石佛寺乡石佛寺村，城址平面形态为长方形，东西长约370米，南北宽约190米，夯土城墙，东墙中心和西墙偏南处各设一处城门，并均设有瓮城。

辽代末年，松花江流域的女真人在完颜阿骨打的带领下，大破辽军，于1115年取得了辽东地区的统治权，并建立金国（公元1115-1234年）。1127年金灭北宋,将疆土扩展到中国淮河地区，形成与中原的南宋政权相对峙的局面。金基本承袭了辽的制度，在全国建五京、置十四总管府，是为十九路。金代的沈州城属于东京路辽阳府，主要是为加强对辽东地区控制，并用以安置俘民。沈州城的管辖区域亦有所扩展，下辖乐郊、章义、辽滨、挹楼、双城五县。在辽金政权更迭期间，沈州城附近没有发生较大的战役，据此可以推测，辽末的沈州城也没有遭到严重的破坏，而金代的沈州城可能是沿用了辽代旧城的城池，在原来土城的基础上进行加固和改造而成。因此，金代沈州城的规模和格局并没有发生太大变化。然而，到金代末年，辽东地区成为以蒙古军队为首的各方势力争夺之地，沈州城长期处于战乱之中，城池不断因战争而遭到破坏，最终毁于兵火。

3.2.2　景观建设

辽金时期，全民笃信佛教，佛教文化深深影响到当时沈州的城市建设和园林景观形象。辽代的契丹族统治者最初信奉萨满教，受到汉文化影响后开始信奉汉传佛教和道教。尤其是辽代的社会发展进入全盛期后，四海升平，皇帝和贵族终日纵酒作乐，佞佛之风更日见其盛，对佛教的笃信达到痴狂的程度。上行下效，民间信仰佛教的人也越来越多，佛寺和佛塔遍布全国各地。虽然关于辽代沈州地区佛教发展情况的史料文献记载不多，且绝大部分辽金时期的佛寺、佛塔等建筑都在之后的历史变迁中消失了，但从考古资料来看，当时佛教之盛，佛教信徒之多，与中原地区毫无二致。受佛寺文化盛行的影响，辽代沈州城及周边修建了数量众多的佛寺、佛塔。这些寺庙景观不但反映了辽金时期沈州城政治、经济与文化繁荣发展的景象，也构成了沈州城独特的城市景观风貌。

建于辽金时期且近代尚存的佛塔和佛寺有：始建于辽重熙十三年（即公元 1044 年），沈阳塔湾回龙寺及塔湾舍利塔，即无垢净光舍利塔（图 3-2）；始建于公元 1107 年沈阳小北门外的崇寿寺及白塔（1950 年拆除）；始建于公元 1108 年，在 1905 年毁于日俄战争的沈阳城南白塔堡弥陀寺及白塔（图 3-3）；始建于公元 1107 年的陈相屯塔山安宁寺及佛塔、卓望山辽塔，以及弘庙寺等。

图 3-2　塔湾的辽代无垢净光舍利塔

图 3-3　白塔堡的辽代白塔

至今保存完好的只有塔湾舍利塔，塔内葬有佛舍利 1546 颗，又称“无垢净光舍利塔”，是一座典型的八角十三层的密檐砖塔。塔的基座为须弥座，座上有两层砖雕，再上为高大的塔身，塔身每面设拱券式佛龛，佛龛内为莲花座和坐佛，佛龛两旁侧立二协侍，上有宝盖、飞天、佛名砖。塔身之上为十三层密檐，最上方为塔刹。当年的沈州城，城市中心矗立着高大的石造经幢，并且在通衢路口、寺庙、墓地等地方也安放了大量的石造经幢。石造经幢始于唐朝，兴盛于辽代，据说能为人消灾增福。经幢一般为八角形，由天盖、幢身、幢座共三部分组成。幢身为八面柱体，由四个宽面和四个窄面组成，上面多刻有梵文音译的佛顶尊胜陀罗尼经，以及经幢的请文、建造的相关记述等。

3.3　相关文学记载

辽金时期的一些诗词歌赋也反映出当时沈阳地区城市景观环境的建设与发展的情况。与之前朝代写辽东地区的诗歌不同的是，辽金时期诗歌的内容不再是征战沙场、战马弓矢，也不再有荒凉、悲怆、惨烈的情绪，而是开始描绘随着城市的建设发展，经济逐渐繁荣，城市及周边地区呈现出来的山河壮美、百姓安乐的和平景象。金代作家赵秉文的一首七绝诗《辽东》，描写了辽东大地的壮丽景色："几家篱落枕江边，树外秋明水底天。日暮沙禽忽惊起，一痕冲破浪花圆"。这首诗描绘了大河沿岸幽静怡然的田园景色。篱笆、树木、河水、落日，展现了当时水草丰茂的河岸景观和瑰丽的自然环境。

这一时期的沈州城也随着经济文化的发展而繁荣，城市各种景观从无到有不断兴建，除了城内的佛寺与佛塔、经幢、文庙、乐郊馆等，更多是受中原园林文化影响，应时缘景而建的各式楼台亭榭。辽金时期文人墨客借景抒怀，登楼感赋也已经成为当时一种文化现象。例如金代诗人高士谈的《登辽海亭》则是直接描绘了沈州城中的景观："登临酒面洒清风，竟日凭栏兴未穷。残雪楼台山向背，夕阳城郭水西东"。诗句中大致描述了诗人登上辽海亭后，看到沈州城在夕阳下依傍着缓缓而流的浑河水的优美意境，表达了客居辽东的思乡之情，也说明辽金时期的沈州城内已经建有辽海亭及其他楼台等观景休闲场所。

随着辽金时期寺庙的兴建，文人墨客游览其中，受中原文化借景抒情的影响，也出现了一些描写当时寺庙园林意境的诗句。金代吕子羽的《宿章义广胜寺》中有诗云"松月夜窗虚"，描绘了作者在章义（今沈阳西南于洪区彰驿乡）广胜寺借宿的情景。寺中松月无言，笼罩着夜色下的窗子，一切都是朦朦胧胧的，描绘出当时佛寺中栽植的松树，使月色中寺庙氛围格外静谧的园林景观情境。此外，金代诗人王寂的《渡辽舟中小酌》中有“落日衬云鱼尾赤，斜风卷水谷纹生”的诗句，描写了在辽水舟中看到清风吹过河面、波浪层层翻卷、时光美好的情景。赵秉文的《庆云道中》用诗句“对岸青山隔，孤城碧浪开。绿芜天际舍，白鸟日边回。”和“渡口呼舟急”来形容当时沈州城附近庆云县（今沈阳市康平县）的青山、碧浪、绿芜、白鸟相互映衬，行人在岸边急切渡河的情景。辽金时期，在横渡辽水、沈水时举杯小酌，即兴赋诗，已经成为当时文人雅客的趣味风尚。这些诗句总体反映出沈州城的物质水平提高、精神文化生活也较以前有了一定程度的发展。

3.4 景观环境特点

辽金时期，为了安置俘民而兴建了许多私城，沈阳地区城郭数量因此剧增，城市建设出现了前所未有的繁荣局面。当时沈阳地区的主要城池有六处：沈州城、辽州城、祺州城、集州城、广州城、双州城，其中沈州城的面积最大。这段时期城市形态初备，规模有所扩大，城市的经济文化和城市建设十分繁荣。

从辽金时期开始，佛寺和佛塔成为当时沈阳城内的主要景观场所。当时沈阳城内的城隍庙、中心庙、三官庙、长安寺、崇寿寺及塔、弘妙寺、通玄观、万寿观、东华观等寺庙道观，不仅成为主要的公共活动场所，而且寺庙内的古松、钟鼓、碑碣也构成了寺庙的园林化景观环境，为其渲染了清幽静谧的宗教园林氛围。与此同时，在沈州城周围开始出现大量的居民聚居区和农田，形成了良田广阔、炊烟袅袅、篱落疏影、水清树茂的乡村田园景观风貌。反映出当时自然生态良好、经济发展稳定、百姓生活安乐谐和的社会生活特点。

在景观环境建设方面，沈阳作为一座北方军事卫城，城市的园林化景观环境主要是以山、河、树木、花卉等自然风景为主。如辉山、浑河、小沈水等自然风光，是当时人们陶冶情操、抒发情怀的主要景观寄托。登楼台眺望远山、渡浑河举杯小酌、欣赏两岸风景也是当时富有雅趣的文化生活。

3.5　小结

总的来说，辽金时期的沈州城城市功能比前一时期丰富了许多，除了军事戍卫功能之外，也具有居住与经济功能，城市规模有所扩大，而景观环境也变得优美且丰富起来。但因其不属于地区中心城市或重要城市，在经济和文化建设方面仍然较为薄弱，城市景观环境的建设也不被看重，除了寺庙及所附属的园林化景观环境，只是在城市附近出现一些环境优美的景观场所来满足人们的精神文化生活需求，城市建设和园林景观特征总体表现出质朴、自然的风格特点。

第4章　元明时期的城市与景观环境

历史上首次正式出现沈阳这个地名是在元朝时期。元初辽东地区隶属于中书省，公元1287年设置辽东行省管辖北起自外兴安岭，东南至渤海的东北地区。沈阳古城在这个时期被称作沈阳路，受辽阳行省管辖。从辽金时期开始沈阳古城的地位逐渐重要起来。到元明时期，沈阳虽然还不是地区的中心城市，但也已经成为辽东的重镇之一。

4.1　城市与名称的演变

沈阳古城的发展命运多舛，从战国时期的侯城到辽金时期的沈州，再到元代的沈阳路和明代的沈阳中卫城，城市几经摧毁又多次重建，而城市的名称和地位也随时代变迁与政权更迭而在不断变化（表4-1），但其城市的主要功能一直以戍守防卫为主，是东北地区的重要军事重镇和军事屏障。

清代以前沈阳城名称的历史变迁　　表4–1

名称	时期	所属区域
侯城	战国至东晋(公元前300年-公元403年)	辽东郡、玄菟郡（公元107年后）
盖牟城	高句丽政权（公元404-644年）	辽东地区
盖州	唐代（公元645-667年）	辽东地区
盖牟州	唐代（公元668-920年）	辽东地区
沈州	辽代、金代（公元921-1295年）	东京道（辽代）；东京路（金代）

续表

名称	时期	所属区域
沈阳路	元代（公元 1296-1367 年）	辽阳行省
中卫城	明代（公元 1368-1624 年）	辽东镇

沈阳古城的建设始于公元前 300 年左右的战国时期，由当时燕国大将秦开在该地区修建了方城（即侯城），成为沈阳古城建城的开端。到秦汉时期侯城一直受中原地区管辖，不断发展并初具规模，东汉末年由于高句丽的入侵而遭到焚毁。公元 668 年唐朝东征，高句丽灭亡，侯城地区才重新被纳入中原政府的管辖。公元 926 年，辽太祖耶律阿保机在原侯城的废墟上重新建立了沈州城，城市得到了前所未有的发展。公元 1116 年，金太祖完颜阿骨打攻取了沈州城，并继续在原有基础上进行了城市建设。然而到金代末年，沈州城在蒙古骑兵攻占辽东的战争中几乎被夷为平地，城市损毁殆尽。在元朝建立不久后，城市得以重建，并于 1296 年将其改名为沈阳路，城市逐渐恢复，经济与文化也得到了一定的发展。公元 1368 年，明朝取代了元朝的统治重新建立汉族中央政府，将沈阳路划分为左、中、右三座卫城，沈阳属于三城之一的中卫城，并且对沈阳中卫城进行了大规模的规划和建设，为随后清代盛京都城的建设与发展打下了基础。

4.2　城市建设与景观建设

4.2.1　元代

公元 1206 年，元太祖成吉思汗统一蒙古，在漠北建立大蒙古国，四处征战。公元 1271 年，元世祖忽必烈定都汉地，打败南宋、金与西夏，将国号改为大元，建立了元朝。元朝采用行省制，设中央中书省和其下若干行省。被战火摧毁的沈州城改名为“沈阳路”，并得以重建，隶属于辽阳行省管辖。

出身于游牧民族的元朝统治者，并不重视城郭的建设，当时的沈州城及其属县均已毁于金末元初的动荡与战火中，沈州城已经变成了一座空城、废城。为安置高丽降民，元朝政府对沈州城进行复建，成立沈州安抚高丽军民总管府，并于 1296 年与辽阳安抚高丽军民总管府合并，称“沈阳路”（图 4-1）。根据收藏于沈阳故宫博物院的元代沈阳路城隍庙碑文记载可以推断，元代沈阳路位置在明代沈阳中卫城的范围之内，规模小于沈阳中卫城，沈阳路的北城墙与沈阳中卫城的北城墙基本一致，西城墙在清代盛京城鼓楼的南北延长线之上。沈阳路的平面呈长方形，南北长约 930 米，东西宽约 820 米，面积约为 0.76 平方千米，城墙四面各有一门，城内有两条十字形大道直通城门，城内的东北部设置主要官署，城西北为主要居住区，并建有城隍庙（图 4-2）。元代统治下的沈阳路是一座多民族聚居的城市，城市地位有所提高，设有驿站，加强与中央的联系，经济虽然有所恢复和发展，却由于元代频繁发生的天灾、战乱而一直未能达到辽金时期的水平。

图 4-1　元代沈阳路城境图

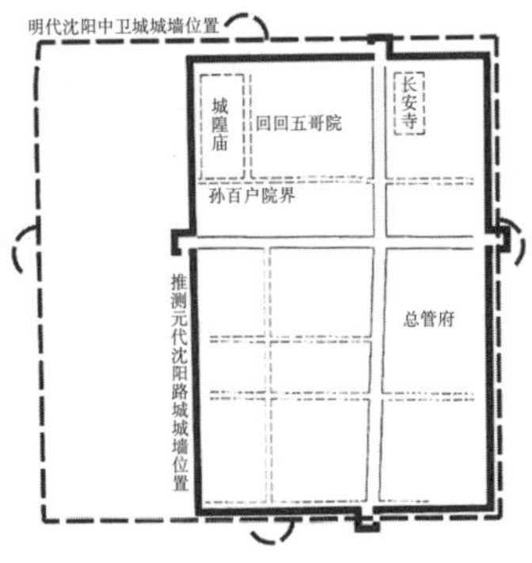

图 4-2　元代沈阳路城址古示意图

元朝初年，沈阳古城所在的辽东地区遭到蒙古军队的掠夺、焚烧，城内的建筑和景观环境被严重破坏，包括辽代时期建设的城隍庙、长安寺、万寿观、东华观等众多著名佛寺和道观均遭重创，沈阳古城也几乎被彻底毁掉，仅有塔湾舍利塔和北门外的白塔尚存。在战乱平息后，元朝统治者也对沈阳城进行了大量整修，城内的很多寺庙建筑和景观环境得到恢复和重建。其中，最有历史价值的城隍庙也得以恢复。城隍庙始建于辽金时期，位于如今的沈阳城内中街路北，元、明、清时期虽被多次维修，但至今仅存一甬沈阳路城隍庙碑。城隍庙碑高 1.86 米，宽 0.68 米，碑文内容丰富，是研究元代沈阳历史的重要资料，具有极为重要的历史研究价值，而石碑本身以其独特的造型艺术，成为历代沈阳城的一处胜景。

4.2.2　明代

公元 1368 年，元朝灭亡，明太祖朱元璋建国，国号为明。明朝以长城为界，沿线设置了九个防区，称为九镇或九边。辽东镇（又称“辽东都司”，统辖今辽宁地区）为九镇之首，辽东镇的司治位于今辽宁省辽阳市，时称辽东镇指挥使司城。明朝在辽东地区的管理体制与内地的行省制、州县制不同，实行都司卫所制。都司为最高指挥机构，下设规模不同的路、卫、所、堡等各级屯兵城，每卫约屯兵 5600 人，千户所约为 1200 人，堡为 110 人。形成以军事防御为主要目的，兼管民政事务的军政管理体制。据《明实录》记载，明洪武十九年（公元 1386 年）在沈阳地区设置了沈阳中、左、右三座卫城。其中，沈阳中卫城就是元代的沈阳路，属于辽东都指挥使司下的二十五卫之一，也是辽阳的北方屏障。

据《全辽志》记载，明代沈阳中卫城的城址（图 4-3）位于浑河北岸的冲积平原，地势由北向西南倾斜。城市周边的河流有三条，第一条是源于辽宁东部山区、自东北向西南流入辽河、位于城南 10 里的浑河（又称“小辽水”、“古沈水”）。第二条是东起浑河，流至城东再折向南部、流经城南后又汇入浑河的小沈水（又称“万泉河”）。第三条是源于辽宁东北部山区、向西流入浑河、位于城北 20 里的蒲河。中卫城东 20 里有麦子山、东山，城东北 40 里为辉山。中卫城南约 120 里为辽阳城、城东 80 里为抚顺千户所，城北 40 里为蒲河千户所。由于元代末年战乱的破坏，沈阳中卫城已经颓败没落。因此，在沈阳中卫城设立的第三年就开始大规模的恢复建设。

据《辽东志》记载：“沈阳城，洪武二十一年，指挥闵忠因旧修筑，周围九里三十步，高二丈五尺，池二重，内阔三丈，深八尺，周围

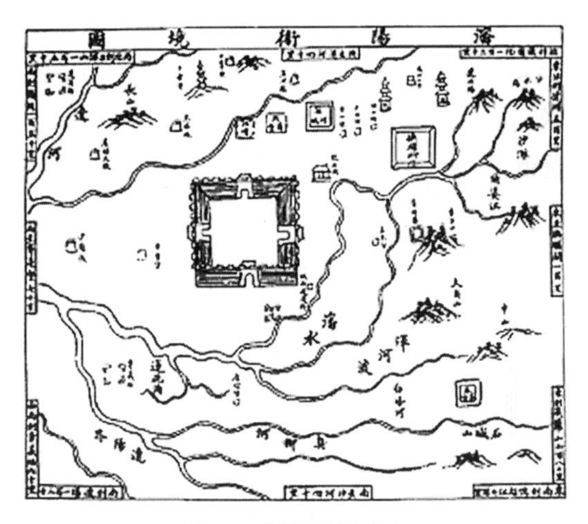

图 4-3　明代沈阳卫境图

一十里三十步，外阔三丈深八尺，周围一十一里有奇，城门四：东曰永宁，南曰保安，北曰安定，西曰永昌”。公元 1388 年闵忠对沈阳中卫城的修筑，主要是在元代沈阳路城的基础上，拓展城池规模，新筑西部的城墙，并基于元代原有城墙进行加高、加固，将护城河由一条改为两条，修建了沈阳中卫城的四座城门并重新命名。这次重修对明代沈阳中卫城的后续建设起到重要影响，之后虽进行了多次重修，但规模、格局都没有发生太大变化。建成后的沈阳中卫城是一座平面近方形的城池，周长约 5208 米，平均边长约为 1300 米，面积约为 1.69 平方千米，与如今沈阳方城的范围基本一致，规格几乎是明代辽东地区卫城中规模最大的。城墙由土筑变为了砖墙，墙体内壁以块石为体，条石为基，外壁则以大型青砖砌筑。城墙四角设角台、角楼，每面城墙的中间设有城门，四座城门外包围着半圆形的瓮城，城上设重檐敌楼。城内辟有十字形的主要街道，分别连接四个城门，四门对应的街道上各立有一座牌坊，名称分别是：永宁、迎恩、镇远和靖边。两条街道将城内划分为四个大街坊，并在城中心的十字交叉口处建有一座中心庙。中卫城内主要机构有察院行台、沈阳游击府、沈阳备御公署、沈阳中卫治、儒学、军器局、军储仓、钱帛库、养济院、草场等。在中卫城的北部建有一些宗教寺庙，如城隍庙、长安寺、通玄观等。由此可见，经过明代的修建，沈阳中卫城的规模、格局、面貌都焕然一新，是明王朝在山海关外建设的一座防御重镇（图4-4）。

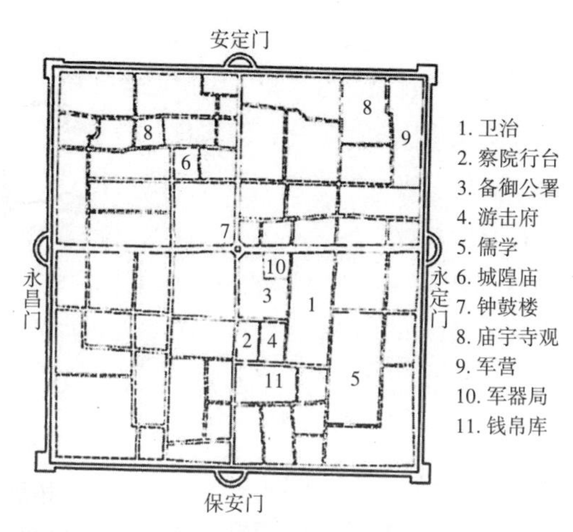

图4-4 明代沈阳中卫城平面图

4.3 景观环境特点

明代沈阳中卫城已初具规模，城内的宗教建筑与景观环境比较丰富。沈阳中卫城的东北角建有古刹长安寺，西北角有通玄观，城中心有中心庙，中心庙北偏西的位置有城隍庙，通天街西有三官庙，北门外有古刹崇寿寺及辽代佛塔，还有弘妙寺等寺观，这些寺观及其园林环境组成了明代沈阳中卫城的景观格局。特别是明代沈阳卫城的长安寺，历史悠久，民间有“先有长安寺，后有沈阳城”的说法，相传始建于唐代，是唐太宗东征高句丽途中建造。明洪武二十一年（公元1388年）重修沈阳城时发现了长安寺，其后经多次重修及改扩建，逐渐成为远近闻名的汉传佛寺。长安寺的建筑坐北朝南，整体布局呈长方形，占地面积约4200平方米，建筑面积2000多平方米，由三进院落组成，从南向北的中轴线上依次坐落有山门、天王殿、大雄宝殿、比丘坛和藏经阁。第一进院落两侧建有方形的四柱凉亭式钟、鼓楼。第二进院落的东西两侧建有前廊式建筑,并且戏台、东西配殿和拜殿之间均有回廊连接，形成北方寺庙罕有的院落空间。寺院中的植物以松柏树种为主，形成了常绿的植物景观。

明代沈阳地区的交通设施逐渐完善，城南十里建浑河木桥，再往南三十里建沙河木桥，城北三十里建蒲河木桥，方便商旅，畅通邮路，也便于人们观赏优美的水岸风景。当时的沈阳中卫城实行军屯、民屯管理，主城周围被城南堡、浑河堡、白塔堡、沙河堡等屯田居民区环绕，农村呈现复苏之貌，形成阡陌交错、鸡犬相闻、炊烟相望、船只往来的乡村自然景观。明代诗人王之浩的《渡辽河坐新舫中》中有这样的诗句:“宿雨润良畴，晴岚起岩障”，描写了一派雨润良田、晴岚岩障的美丽景色，展现了令人心旷神怡的两岸风光，以及当时人们乐于观赏水景、喜爱乡村自然风景的生活趣味。

4.4 小结

清代之前的沈阳城，从战国时期的侯城至明代的沈阳中卫城，城市功都一直以军事戍卫为主。在不同的历史时期，城市的功能随着城市地位的变化而有所不同，城市的建设内容在各个朝代的变化较大。与中原地区的城市相比,因其不属于地区中心城市或重要城市,在经济和文化建设方面较为薄弱。而城市景观环境的建设更加不被重视，除了寺庙及所附属的园林化景观环境外，只是在城市附近出现的一些环境优美的景观场所来满足人们的精神文化生活需求。

总的来说，清代之前的沈阳古城，城市建设和园林景观特征总体表现出质朴、自然的风格特点。其所处的重要军事地理位置、历史上良好的城市建设基础及周边的景观环境，也成为后来清朝政权建设关外都城的选址依据，并为清代盛京城的建设打下了良好的基础。

第 5 章　清前期的盛京园林景观建设

清朝（公元 1616-1911 年）是沈阳政治、经济、文化、城市建设快速发展的重要时期。清朝初建时原定都辽阳，后迁都至沈阳，努尔哈赤的这一举动使沈阳从明代的边塞卫城一跃成为后金的都城，极大地促进了沈阳的城市建设与发展。1636 年，清太宗皇太极将国号改为“大清”，即清朝。1644 年清朝入关后，沈阳成为清朝的陪都，被称作“盛京”。盛京的城市建设及园林景观建设依据其建设内容和进程，可以分为三个时间阶段：清前期、清中期和清晚期。清前期（约 1625-1661 年）指的是从清太祖努尔哈赤迁都至沈阳，清王朝入关并定都北京、沈阳成为陪都，到康熙皇帝继位前这段时期。

5.1　城市建设

清前期的盛京，城市建设主要是在努尔哈赤、皇太极两位皇帝在位时期进行的。努尔哈赤时期，在对城市进行整修时沿用了明代沈阳中卫城时期的城市规模、形态，以及城中的十字形街道布局，修葺了东、西、南三面的城墙，建造了“汗宫”和大衙门（图 5-1），城中的其他区域也按照当时清朝的八旗驻防分区而划分出各自管辖范围。

1626 年，皇太极在位时期开始大规模的城市改造和扩建，并于 1634 年将沈阳改称为“盛京”（图 5-2）。据《盛京通志》记载，盛京城中新建的八个城门分别称为：内治（小东门）、抚近（大东门），外攘（小西门）、怀远（大西门），地载（小北门）、福胜（大北门），天佑（小南门）、德盛（大南门）。对应着新建的八门，盛京城中的道路格局由原来的十字形大街变为井字形大街，皇太极在井字形街道的中心建造了新皇宫。新皇宫位于努尔哈赤时期建造的大政殿和十王亭建筑群的西侧，而作为盛京城中心标志的中心庙仍旧保留。同时，在福胜门内大街建钟楼，在地载门内大街建鼓楼，形成前朝后市的城市格局。此外，皇太极还在盛京城中建造天坛、地坛、文庙、太庙、皇寺实胜寺，以及位于城市东、南、西、北四个方向的护国四塔四寺，改扩建堂子庙，在盛京城东和城北分别修建了福陵和昭陵等。经过这一番改建后，盛京城的城市面貌较明代发生了极大地变化,其内方外圆的城市格局也基本确定。1644 年（顺治元年）八月，清军入关迁都北京，盛京城成为大清王朝的关外陪都。成为陪都的盛京，其建设与发展仍然受到清政府的重视，清帝十次东巡，更凸显了盛京的独特地位。虽然清朝迁都时有大量人口跟随入关，清初的盛京城一度萧条，但经过康熙朝和乾隆朝以后，经济迅速复兴，盛京城的建设也随之进入盛世发展阶段。

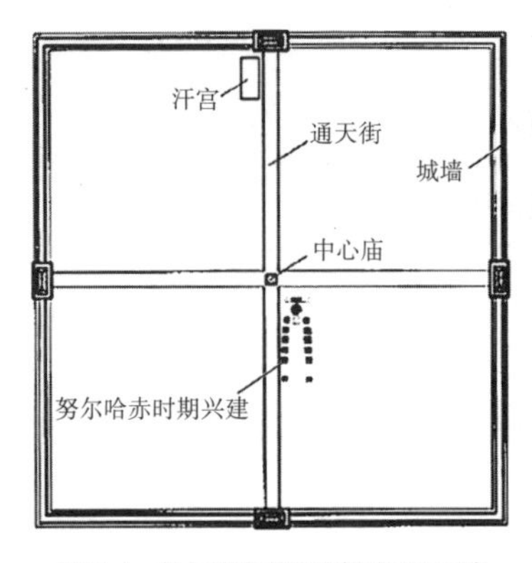

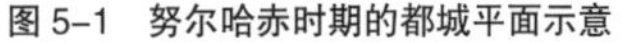
图 5-1　努尔哈赤时期的都城平面示意

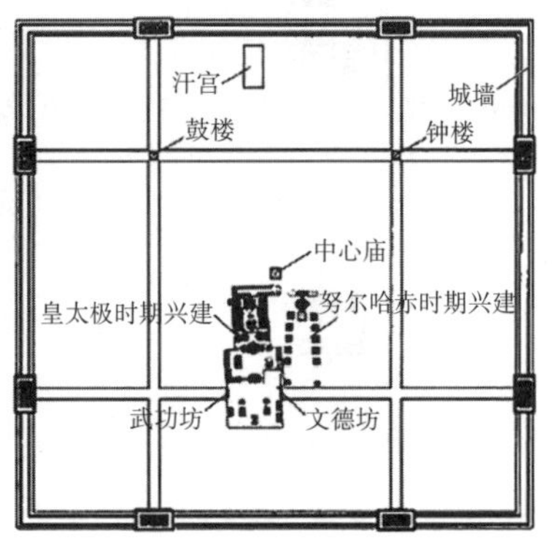

图 5-2　皇太极时期的都城平面示意

5.2　园林建设

清前期（1625-1661 年）是盛京城兴建的主要时期，城市建设以努尔哈赤和皇太极两位皇帝为主导，盛京的园林景观建设也多是以皇家园林为主。这一时期的园林建设内容主要有皇家宫殿园林、皇家陵寝园林，以及敕建寺庙园林等。皇家宫殿园林包括盛京皇宫和御花园（即后来的长宁寺）；皇家陵寝园林为清福陵、清昭陵和清永陵。寺庙园林主要有实胜寺、四塔四寺、堂子庙等。虽然清前期盛京的园林类型相对单一，却具有简洁大气、民族气息浓郁的鲜明特点。

5.3　皇家宫苑

5.3.1　盛京皇宫

盛京城融合了满汉文化和藏传佛教文化，形成了“宫城合一”的曼陀罗式城市空间格局，盛京皇宫（今沈阳故宫）则位于整个盛京城的中心。清前期的盛京皇宫建成部分是现在沈阳故宫的东路和中路两组建筑（图 5-3）。

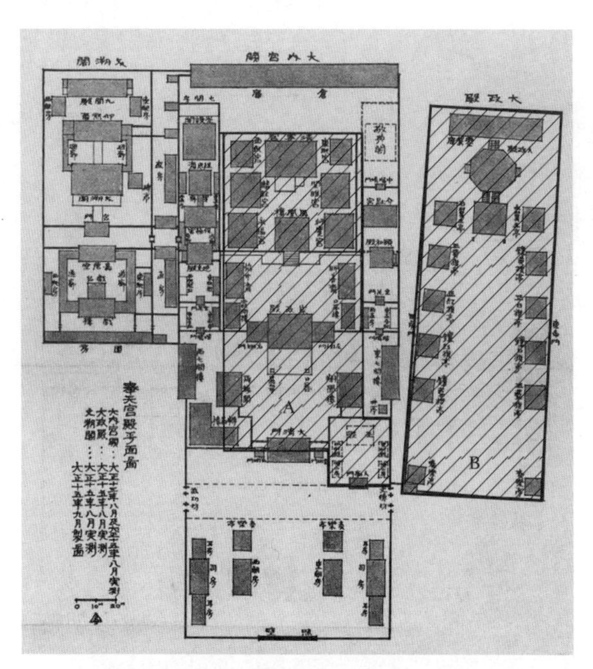

图 5–3　盛京故宫平面示意图（[日] 村田治郎绘）

（注：A 是皇太极时期建设的中路建筑群，B 是努尔哈赤时期建设的东路建筑群）

东路建筑始建于努尔哈赤在位时期，由大政殿与十王亭组成。其中，大政殿是整个东路建筑的中央核心，十王亭按照八旗顺序在大政殿两侧呈外八字排开，形成了一个开放式的景观广场，成为盛京皇宫中独具满族民族建筑特色的一处空间。中路的大内宫阙是皇太极在位期间所建造，中路建筑以大清门、崇政殿、凤凰楼、清宁宫为主轴线，东侧为东翼门、飞龙阁、衍庆宫和关雎宫，西侧为西翼门、翔凤楼、永福宫和麟趾宫。中路建筑群整体采用前朝后寝、宫高殿低的形式，呈合院式布局，中路建筑色彩以黄色、翠绿为主，整体院落风格朴素而又粗犷、豪放。据记载，凤凰楼前的蹬道两侧，曾遍植芍药，花开之时，花色绚丽，芬芳馥郁，也是皇宫盛景之一。

5.3.2　御花园

始建于皇太极在位时期，是清初皇族的消暑行宫，也是盛京首个大型人工园林。御花园位于盛京城北部，清昭陵西南侧，面积约有十几亩。清初时御花园北部有金家洼子村，村前有片水塘、荷花，御花园周边环境优美。因清初盛京城中痘疫流行时，清代的皇室子弟来这里躲避瘟疫、消灾祈福。所以，御花园又被称为“避痘所”。1656 年，在清朝入关后，顺治皇帝钦赐御花园为长宁寺（图 5-4）。长宁寺是一座供奉藏传佛教的寺庙，地位仅次于清代皇家寺院的实胜寺。改建后的长宁寺建有山门三楹、大殿三楹，东、西配殿各一楹，禅堂、僧房等三十间。

当年的御花园设正殿三楹（图 5-5），东、西配殿和其他房舍数十间，所有建筑都建在人工夯实的土台地上。花园中树木葱郁、环境清幽，每到盛夏暑热难耐时，皇太极都携皇妃、太子等人到御花园居住避暑。清中后期，由御花园改建而成的长宁寺是作为皇家御用寺庙而存在的。庙宇规模宏大，寺内古松参天、环境幽雅。乾隆皇帝在东巡时曾作诗《长宁寺》，其中的诗句：“兰若静朝晖，苔侵碑篆古，冷冷水到堦，落落松当户”，描写了当时长宁寺中松树林立、芳草萋萋、流水潺潺、幽邃静谧的园林景观环境。

图 5–4　盛京长宁寺内院

图 5–5　盛京长宁寺大殿

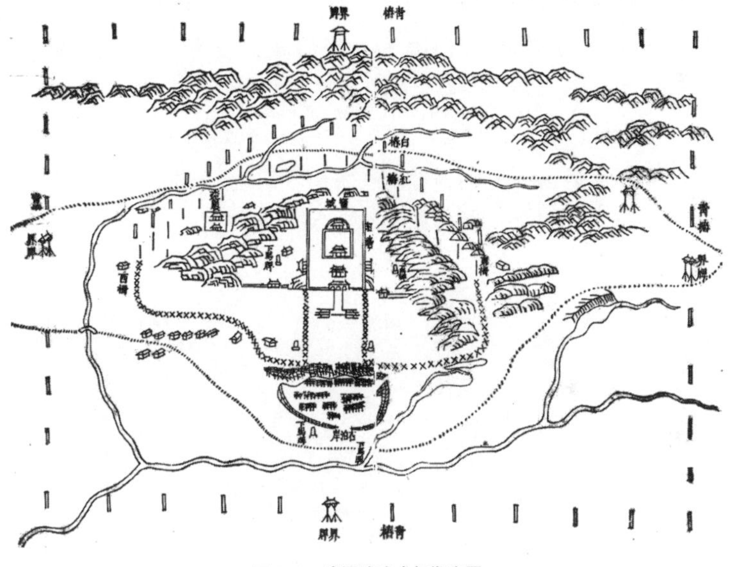

图 5–6　清福陵建成初期舆图

5.4　皇家陵寝

5.4.1　清福陵

清福陵，又称“东陵”，始建于 1629 年，于 1651 年基本完工，是清太祖努尔哈赤及其皇后叶赫那拉氏的陵墓，位于盛京城东郊（今沈阳东陵公园内），总面积约 19.48 万平方米。这里山川葱郁、河流绵延，环境优美。整个福陵背倚天柱山、面临浑河，是一块风水宝地（图 5-6）。

清初来访盛京城的朝鲜太子在《启状》中有关于当时福陵的记

述："缭以甓城，前设三层门楼，所谓墓则构瓦屋三间，前有小门，如库间之状，而藏骨于其中云"。由此可知，清初福陵的砖石围墙已经建成，陵墓前设有三层门楼，陵墓的主体建筑是一座三开间的享殿。1650 年，顺治皇帝又在福陵中增设"卧骆驼、立马、坐狮子、坐虎各一对、擎天柱四、望柱二"。1651 年，清福陵完工时，其建筑和空间格局还比较简陋，直到康熙时期才对福陵进行了大规模的改造和修建，大体确定了福陵现在的格局和规模。

5.4.2　清昭陵（北陵）

清昭陵又称"北陵"，始建于 1643 年，至 1651 年基本建成，是清太宗皇太极及孝端文皇后博尔济吉特氏的陵墓。昭陵位于盛京城西北约十里处，总面积约 16 万平方米。昭陵背靠人工堆建的隆业山，面向浑河和新开河，地处辽东丘陵一处开阔的台地上，整个地势东北高、西南低，也是风水兴盛之地（图 5-7）。

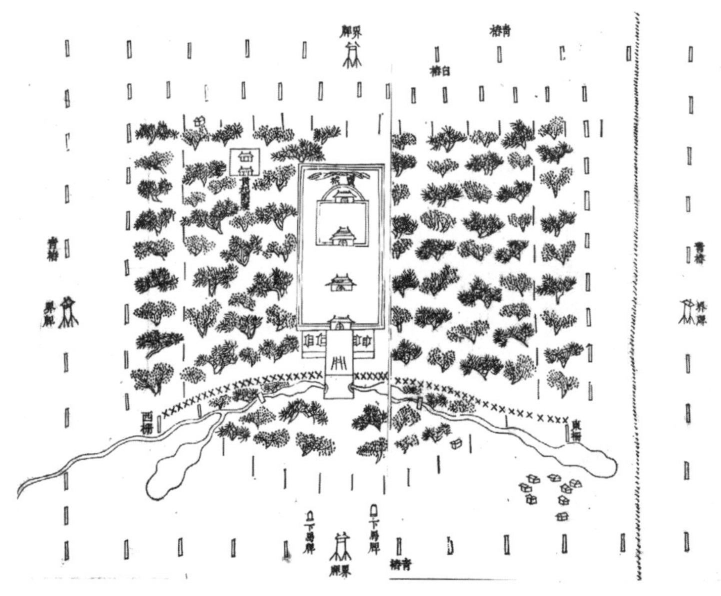

图 5–7　清昭陵建成初期舆图

据《清实录》及有关记载分析，清太宗和孝端文皇后的梓宫均供奉在此，并未入地宫。清初期昭陵的建设程度基本与福陵相同，主要完成了选址、围墙和享殿建筑，与现在的格局相差甚远。后来，昭陵地宫，以及陵中其他部分的建设和改造也是与福陵同时进行，并于康熙年间完成。

5.4.3　清永陵

又称“老陵”“四祖陵”“兴京陵”等。是清代皇帝的祖陵，清太祖努尔哈赤的元祖、曾祖、祖父和父亲均葬于此，位于辽宁省抚顺市新宾满族自治县的永陵镇，北依启运山，南临苏子河。清永陵始建于 1598 年（明万历二十六年）。1634 年（后金天聪八年）改称“兴京陵”。1651 年（顺治八年），永陵的建筑规制完成（图 5-8），封陵山为启运山，寓意大清江山从此开启，帝业由此肇兴，千秋万代地传承下去。1659 年（清顺治十六年）尊称为“永陵”。清永陵坐北朝南、神道贯穿、居中当阳，中轴不偏。建筑群由陵

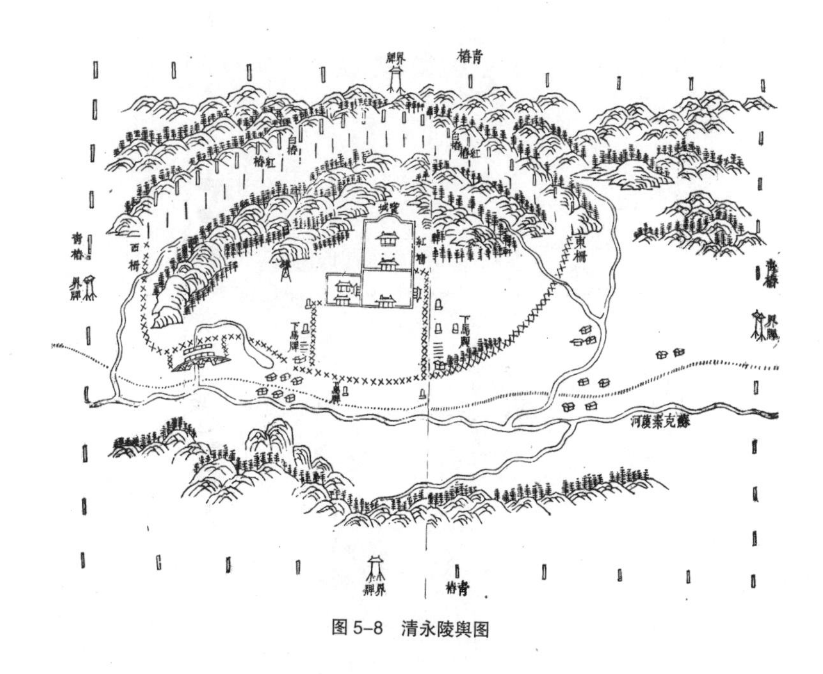

图 5-8　清永陵舆图

前参拜道、下马石碑、前院、方城、宝城、省牲所等几部分组成。陵前参拜道南北长 840 米，以黄沙铺垫，南北两端各立下马石碑一对，参拜道中央有一座玉带桥（图 5-9）。陵前的草仓河因呈内弓形，似御带围腰，又称“御带河”。从 1682 年至 1829 年，康熙、乾隆、嘉庆、道光等皇帝曾先后九次来永陵祭祖。康熙皇帝在祭祖时曾作诗《雪中诣永陵告祭》来咏颂永陵的风光：“云封草木桥园古，雪拥松楸辇路升”，描述出雪后的永陵在皑皑白雪中雄伟壮阔、苍松劲柏林立的景象（图 5-10）。

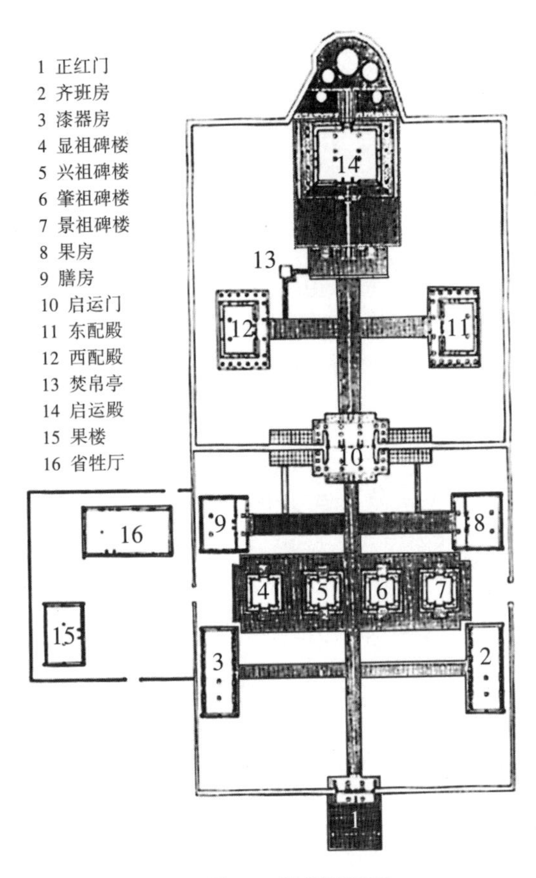

图 5-9 清永陵平面图

图5–10　清永陵鸟瞰图

5.5　寺庙园林

5.5.1　实胜寺

实胜寺全称“莲花净土实胜寺”，是清初最著名的皇家寺庙，也是盛京城中建设最早、规模最大的藏传佛教寺院。因喇嘛教又称“黄教”,所以俗称“黄寺”,又因是清太宗皇太极敕建,所以也叫“皇寺”。

图5–11　民国时期实胜寺内正殿

实胜寺建成于 1638 年，位于盛京城外攘门（小西门）外三里处，占地 7000 多平方米，建筑面积 2000 多平方米。寺院坐北朝南，呈长方形，外有缭墙围绕，内部有前后两进院落。院内沿中轴线依次建有山门、天王殿和大殿（图 5-11），前院两侧配有钟楼和鼓楼，后院两侧是东、西配殿和碑亭。大殿的西南方有玛哈噶喇佛楼、西北方是经堂。实胜寺香火终年不断，在此举行的跳跶之典，十分热闹。

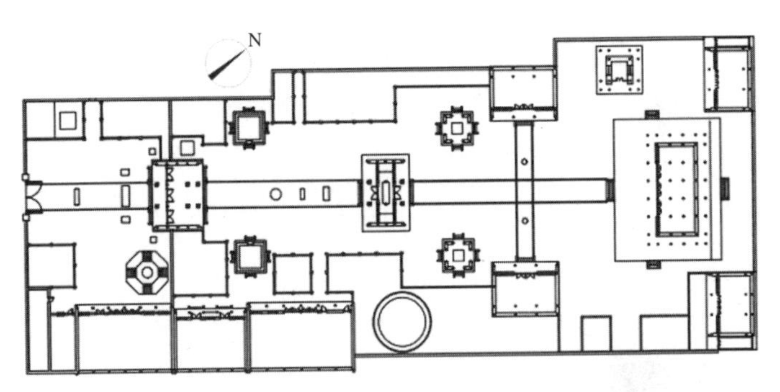

图 5-12 沈阳实胜寺现状平面图

实胜寺的建筑群规模宏大，布局规则整齐，体现了皇家寺院的沉稳庄重（图 5-12）的特点。寺前松柳掩映，寺中花草树木繁盛，环境优美宜人。实胜寺的钟楼内悬挂着一口千斤大钟，清代诗人缪润绂在《黄寺钟声》中用“希声度高树，殿阁凌绿荫”来形容钟声悠扬，古树成荫的景象。“皇寺鸣钟”也成为著名的盛京八景之一。此外，实胜寺中的“实胜斜晖”也是著名的留都十六景之一。清代诗人陈梦雷的《实胜斜晖》中写到“金碧庄严地，清荫映夕阳”，展现了实胜寺内的黄色琉璃瓦突显庄严，苍翠的树木伴着夕阳余晖的美丽景色。

5.5.2 护国四塔四寺

继实胜寺之后，1643 年，皇太极又下令在盛京方城外东、西、南、北四个方向各五里处建护国四塔四寺，分别是东塔永光寺（图 5-13）、西塔延寿寺（图 5-14）、北塔法轮寺（图 5-15）、南塔广慈寺（图 5-16）。

四塔与四寺的形式基本相同，四塔的高度均为33米，占地约225平方米，是藏式喇嘛塔。四寺的格局都是坐北朝南，寺院中轴线上建有山门、天王殿、大殿位于其后，寺内东、西两侧都分别建有钟楼、鼓楼、配殿及讲堂等建筑。四塔在盛京的四方雄浑而立，塔身高耸入云，景象十分壮观。"四塔凌云"因此而被称为盛京八景之一，清代文人曾用"四围塔影占长陂"、"悬日捧宜宵汉上"等诗句来形容盛京护国四塔雄奇、瑰丽的景观。

图5-13　清晚期盛京东塔

图5-14　盛京西塔

图5-15　清晚期盛京北塔和法轮寺

图5-16　盛京南塔

5.5.3　堂子庙

堂子是满族人祭天、祭神的场所。盛京的堂子俗称"堂子庙"，建于1625年，位于盛京城抚近门外南侧。堂子庙的街门朝北，内门向西，主建筑是祭神殿，南面有甬道，直通八角式的拜天圆殿。在堂子庙院内的东南角是上神殿，自成一个方形院落，中间有两道围墙，东北角有一门，向北有甬道通向拜天圆殿。堂子内门外的西南方建有祭神房等建筑。堂子庙的主要建筑屋顶都覆以黄色琉璃瓦，与院内种植的苍松翠柏、四周的红色围墙互相辉映，营造出神圣、庄严、肃穆、神秘的皇家寺庙氛围（图 5-17，图 5-18）。

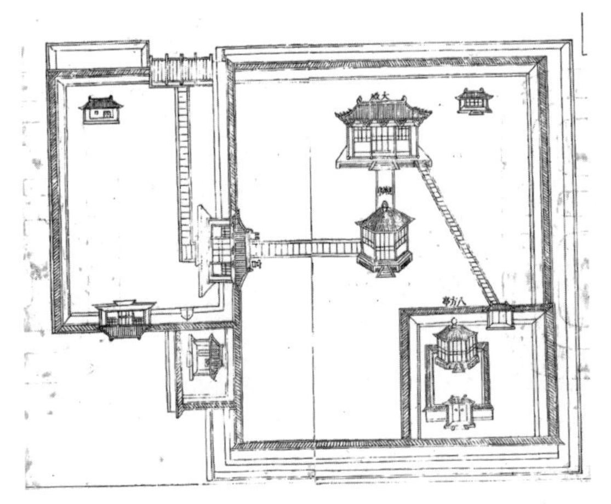

图 5–17　盛京堂子庙平面图

图 5–18　盛京堂子庙正门

5.5.4　盛京太庙

盛京太庙是清朝皇帝爱新觉罗氏的家庙，1636 年建于盛京城抚近门（大东门）外五里处。据《盛京通志》记载，盛京太庙的占地范围是东西向长三十五丈，南北向长四十丈。

太庙内主要建有大门三间、前殿三间、庑殿六间、大殿五间，以及东、西角门两间。1778 年乾隆帝按照“左祖右社”的帝都建设传统，下令将太庙移建于盛京皇宫大清门东侧，原明代景佑宫的旧址之上。移建后的太庙内有大门三间，正殿五间，东、西配殿三间，东、西角门各一间，整体呈四合院式布局，每座大殿屋顶均使用黄琉璃瓦覆盖，彰显出神圣的皇家气派（图 5-19）。

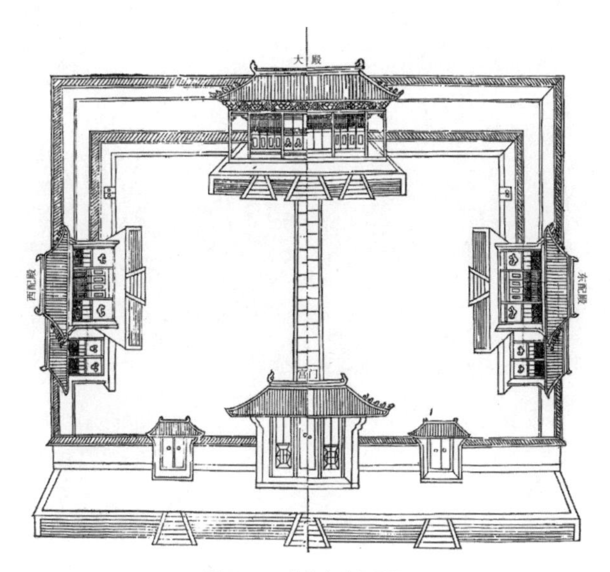

图 5–19　盛京太庙平面图

5.5.5　盛京文庙

又称“孔庙”，是为了祭拜儒家的至圣先师孔子并宣传儒学思想而建的祠庙。盛京文庙始建于 1629 年，位于盛京古城的东南隅。盛京文庙的院落平面呈长方形，东西长而南北短，是由东院的圣庙和西院的学宫两部分组成的。清朝初期盛京文庙的规模尚小，仅建成了圣庙部分（包括圣殿、三楹戟门和棂星门），1666 年以后，逐渐增建了学宫、启圣祠、明伦堂、圣殿等建筑，规模不断扩大，成为东北地区最大的文庙（图 5-20）。从民国初期的图片中可以看出，盛京文庙中的建筑巍峨庄严，装饰华美；庭院布局工整，秩序井然；院内松柏苍翠，古木参天，映衬出一派尊贵气度。但到了民国后期，盛京文庙基本已处于荒废状态。中华人民共和国成立后，因其建筑危颓不堪，不久后就被拆除了。

图 5-20　民国初年的盛京文庙

5.5.6　慈恩寺

是盛京城中最大的汉传佛教寺院，位于今沈阳沈河区大南街慈恩寺巷内。慈恩寺始建于 1628 年，占地约 127000 万平方米。寺院坐西朝东，共有三路建筑（图 5-21）。南、北两路为斋房、念佛堂等辅助建筑，中路建筑是寺院的主体，建有山门、天王殿、大雄宝殿、比丘坛、藏经楼等建筑。慈恩寺位于盛京方城外东南部，环境优美。庙宇东临万泉河、万柳塘，周边环境秀美，清代文人称其“后有雄都可依，前有秀峰可观，左有清溪流水，右有通衢坦平”，十分清净雅致（图 5-22）。

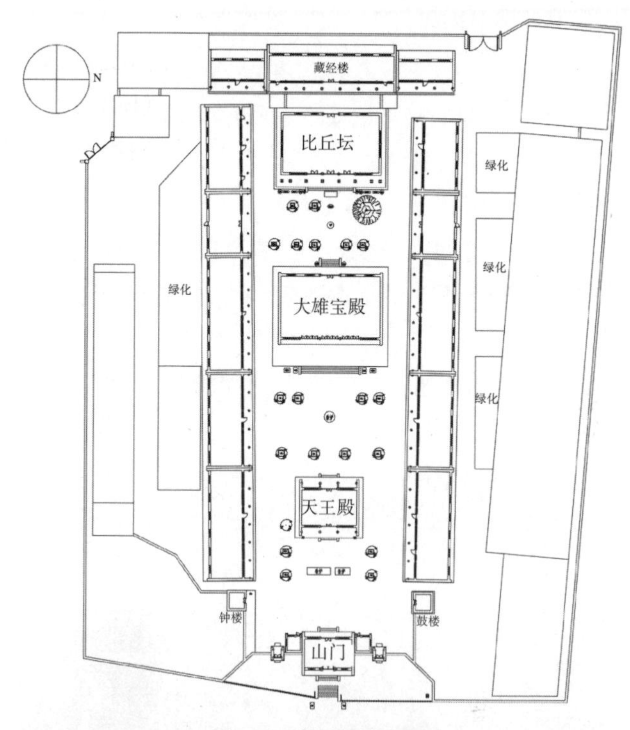

图 5-21　沈阳慈恩寺平面图

图 5-22　沈阳慈恩寺院内环境

5.5.7　无垢净光舍利塔

建于1044年的辽代，又称“辽塔”，于1640年清代初期进行了重修，塔高约33米，是十三层的密檐八角形砖塔（图5-23）。无垢净光舍利塔位于盛京城西北二十里，今沈阳市皇姑区的塔湾。清初这里便是山水环绕之地，辽塔巍峨高耸于夕阳的余晖下，塔影倒映在古浑河的粼粼波光中，充满诗情画意，被赞为盛京八景中的“塔湾夕照”。清代诗人孙旸在《塔湾落日》中有“塔湾两岸柳青青”的诗句，乾隆皇帝东巡至此也用“塔湾晚照夕阳霞，路暗堤深树集鸦”来形容辽塔周围树木葱郁、霞光柔和、河水清冽的景色。

图5-23　无垢净光舍利塔

5.6　建设特点与园林特征

5.6.1　皇家建设为主

清前期的盛京园林景观以皇家主导的城市建设和景观建设为主，大体可以分为三类：一是皇家园林，即盛京宫殿与御花园（长宁寺）；二是皇家陵寝园林，包括位于盛京的福陵与昭陵，以及兴京（今抚顺市新宾县）的永陵；三是寺庙园林，包括实胜寺、四塔四寺、堂子庙、太庙、文庙、慈恩寺、无垢净光舍利塔及寺院等。这些都是以皇家为主导，形成彰显皇家权威，体现清初王朝实力的城市景观与建设。

5.6.2　宗教氛围浓郁

清王朝的统治者为了笼络以蒙古族为首的其他民族，并显示清朝皇族“奉天承运”的目的，清初的盛京被建设成为以喇嘛教的四塔四寺镇守城市的东、南、西、北四方；外城圆内城方，具有佛教曼陀罗形象的城市形态格局，宗教气氛浓郁。随着众多寺庙的建设，盛京城内的寺庙园林景观也更加丰富。这一时期的寺庙建设多为供奉藏传佛教的庙宇，以及满族原始宗教萨满的堂子庙。宗教及民族特色鲜明，景观形象简洁、粗犷、大气，具有浓厚的东北满族地域文化特征。

5.6.3　园林形象简单

这一时期的盛京园林景观形象特征并不鲜明，即使是专门为皇家避暑的“御花园”也并没有特别营造精致的园林，更多是利用自然形成的松林、小溪等形成天然、优美的景观环境。因此，清初的盛京园林受汉文化的影响并不深入，景观形象和布局更符合东北地区少数民族的生活习惯和审美情趣，与清中期之后的盛京园林在景观形象上形成了强烈对比。

5.7　小结

综合上述内容可以看出，清初盛京的园林景观建设是以皇家需求为主导，以城市建设为依托，形成了具有宗教意义的城市景观格局和建筑园林景观，显示出当时受清王朝推崇的满族文化和藏传佛教文化特征。这个时期的盛京园林受中原文化的影响并不深，还保持着一些游牧民族的生活习惯和喜好。因此，盛京地区的园林景观整体也呈现出简洁、粗犷、大气的风格特点，以及浓厚的满族地域文化特征。

第 6 章　清中期盛京的城市与园林建设

盛京城在清代中期，特别是在康熙和乾隆时期的发展与建设，已经进入到了相当繁荣的阶段。从 1661 年康熙皇帝登基至 1799 年嘉庆皇帝继位，这段被称作“康乾盛世”的时期是中国封建王朝最后的鼎盛时期。作为清王朝陪都的盛京，凭借其“龙兴之地”的荣耀，城市的建设与发展得到了清朝历代皇帝的重视。盛京在清王朝入关之前的城市建设，主要是由于努尔哈赤定都于沈阳而得以兴盛，随后继位的皇太极继续亲自指挥城市建设而形成盛京城的最终格局。清王朝入关之后，因历代清帝多次东巡祭祖，使得盛京城的建设和发展得以持续，城市内外的各项建设也因此更加丰富起来。

6.1　城市建设

1680 年，即清康熙十九年，东巡祭祖的康熙皇帝命令在盛京城外增建关墙和八个关门，关墙用土夯筑，高七尺五寸，周围三十二里四十八步。八个关门与盛京城的八座城门对应，并有道路将其连接。这八个关门又称为盛京城的八个边门，分别是大东边门、小东边门、大南边门、小南边门、大西边门、小西边门、大北边门、小北边门。盛京城的内城墙为方形，关墙为圆形，两座城墙间被八座边门和八座城门之间的道路划分为八个扇形区域，称作“关厢”，简称“关”，所谓“关”就是驻戍的意思。至此，陪都盛京城演变成内城方正、外城浑圆、四寺四塔、八门八关的城市景观格局（图 6-1，图 6-2）。康熙帝在位时期还对盛京的福陵、昭陵进行了大规模的改造和修建，确定了两座皇陵的基本形式。

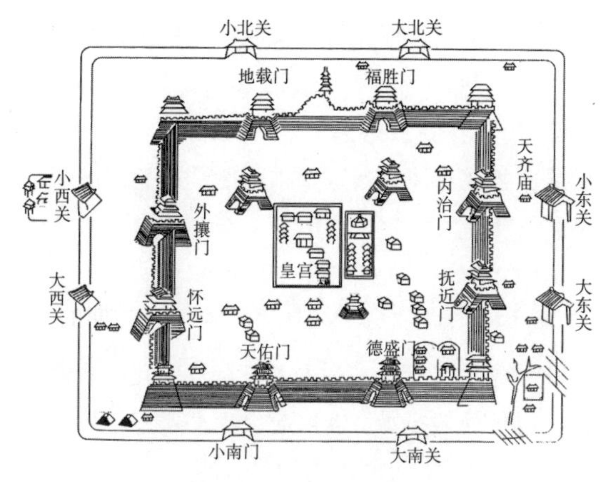

图 6-1　清中期盛京城舆图

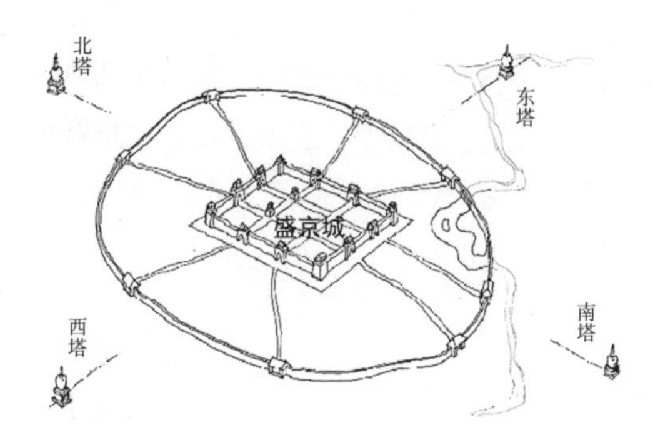

图 6-2　清中期盛京城格局示意图

乾隆时期，又对盛京城的皇宫进行了两次大规模的改建与扩建。1746 年，乾隆帝开始对盛京皇宫进行第一次大规模增建和改建，主要新建了东巡行宫“东所”和“西所”，并对崇政殿前后的建筑进行改建与增添装饰。经过这次大规模的增建和改建，盛京大内宫阙的面貌有了明显变化。除崇政殿、凤凰楼和台上五宫等主体建筑基本保持原貌外，其两侧的附属建筑都重新改建为对称形式。并且在盛京皇宫大清门外新建了琉璃影壁，在崇政殿前改建了月台，增设了皇宫必备的日晷、嘉量。这样既保持了原来皇家宫殿主体建筑的特点，也为皇宫内举行各种礼仪活动提供了场所，使盛京皇宫内苑增添了庄重大气的氛围。盛京皇宫的第二次修建是1778年乾隆皇帝第三次东巡时，这一次在盛京皇宫的西路新建了文溯阁、嘉荫堂、仰熙斋等建筑，并建造了戏台等娱乐场所，从而形成了盛京皇宫的西路建筑格局。除盛京皇宫外，乾隆皇帝还修整了盛京城中的天坛和地坛，并将太庙移建于大清门东侧，以符合“左祖右社”的帝都规制。

1796年，清嘉庆皇帝继位后，清王朝逐渐走向衰落，朝廷内部弊端丛生，国内各处频频爆发农民起义，嘉庆皇帝忙于处理朝廷内外危机，在位的25年间仅两次得以东巡盛京祭祖。随后道光皇帝在位时期，清王朝不仅内部动荡不安，外部西方列强也已经虎视眈眈，企图打开中国的大门。1829年，即道光九年，道光皇帝最后一次东巡盛京祭祖并依制完成谒陵大典后，对盛京的城市建设再也无暇顾及，这也是清朝皇帝东巡盛京的尾声。盛京城作为龙兴之地，得到的荣耀和重视也随之逐渐减弱，而由当地政府主导的大规模城市建设也几乎没有了。

6.2 园林建设

清中期（1661-1840年）的盛京城作为清王朝的陪都，在清帝十余次东巡祭祖期间，进行了大规模的城市建设，城市也因此得到了迅速发展。与此同时，城市各类园林景观的建设也十分兴盛，著名的“陪京八景”“留都十六景”就是在这一时期出现并被广为传诵的。清中期的园林建设主要包括：建设规模逐渐扩大的皇家宫苑、各类皇家敕建和民间建设的寺庙园林化景观，书院园林、衙署园林，以及与当时社会文化、市民生活关系较为密切的城市公共园林景观等。

这一时期的盛京建设，因清朝皇帝对汉文化的接受和推崇，原来颇具满族文化特征的城市与园林开始完全接受汉文化的形式。这个时期大量被流放到关外的汉族知识分子，也将中原地区的丰富汉学文化和生活方式带到了关外，包括优雅的园林文化和园林意趣，以及园居生活方式，成为影响东北地区文化形成的“流人文化”。由于清帝东巡和“流人文化”的影响，以及关内外的文化交流，东北地区的建设内容活跃，文化多样，且包容性极强。康乾时期的盛京园林建设兴盛繁荣，景观形象类型丰富，文化风格多样。

6.2.1　盛京皇宫的扩建与改建

自 1743 年乾隆皇帝第一次东巡盛京开始，盛京皇宫的改扩建工作就开始筹划并准备起来。1746 年至 1748 年间新建了东所和西所，1781 年修建了西路建筑群。东所是皇太后东巡时居住的行宫，由南向北共四进院落，主要建筑有颐和殿、介祉宫、阿哥所（已毁）和敬典阁。西所是供皇帝和后妃东巡时使用的行宫，同样是四进院落，主要建筑有迪光殿、保极宫、继思斋和崇谟阁。此外，乾隆皇帝还改建并增饰了盛京皇宫中路崇政殿前后的建筑，使其完全对称，更加符合宫廷建筑的礼制。盛京皇宫的西路和西所是最富有园林意趣的所在，可以看作是盛京故宫的园苑。西路的建筑主要有大戏台、嘉荫堂、文溯阁、仰熙斋、九间殿等。西路建筑群在规划时向北退后了 50 多米，因而在西路南侧的入口处形成了一个开阔的轿马场，令西所宫门前有了一个相对独立的开敞空间。

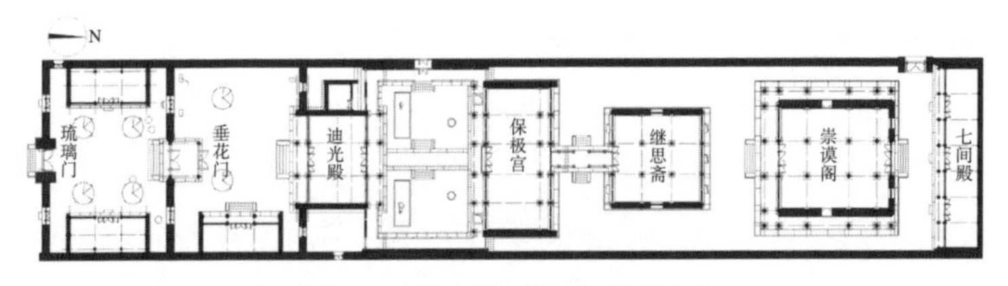

图 6-3　盛京皇宫西所现状测绘平面图

由于盛京皇宫的东、西所和西路建筑是清帝入关多年后修建的，建筑形象和格局深受中原汉文化的影响，尤其是西所的建筑与空间布局呈现出浓郁的江南园林意趣。迪光殿、保极宫，以及两侧连接的游廊组成了西所中独具特色的一处院落，院落中央是供皇帝行走的御路，御路周围有花坛、湖石等园林植物及小品点缀，富有清新典雅的人文气息，游廊的设计增加了空间的进深感和层次感（图 6-3），在西所中还采用了大量的苏式彩画作为装饰，景致极为清丽雅致。

西所共有四进院落，在空间布局上与北京紫禁城内的宁寿宫极为相似，都是在南北狭长的空间进行建设，也都采用了庭院式布局，空间层次的递进序列几乎完全相同。盛京皇宫西所的布局简洁有序，在内容和格局上仿佛是宁寿宫的缩编版本，建筑形象和景观序列方面也与之一一对应。西所的迪光殿与保极宫的庭院组合正如宁寿宫的皇极殿、养性殿序列；保极宫与继思斋的建筑组合，与宁寿宫中的颐和轩、景祺阁组合神形俱似；盛京皇宫西所建筑序列的最高潮——崇谟阁，与宁寿宫的景祺阁所在位置对应，但在形象上与旁边的符望阁更为相似。宁寿宫的花园位于宫殿群西侧，而盛京皇宫的西所也有园门通往西路的文朔阁、嘉荫堂和仰熙斋。试想当年盛京皇宫的一个午后，乾隆皇帝漫步在西所，穿过侧面的小园门，先来到文朔阁找找书，再到阳光明亮的嘉荫堂读一读，也或许会看看戏，是多么惬意和休闲的事情！

从时间上来看，盛京皇宫西所建于乾隆十一年至十三年（1746-1748 年），而北京紫禁城的宁寿宫和花园建于乾隆三十六年到四十一年（1771-1776 年），西所的建设早于宁寿宫，由此也可大胆推断，乾隆帝对于皇家建筑与园林的设想，早在东巡时期就已有雏形，并在盛京皇宫进行了早期的实践。

6.2.2 清福陵的改建

1663 年，康熙帝对清福陵进行了改建。改建后的清福陵基本效仿了明陵的型制，由前院、方城、宝城三部分组成，地势由南向北逐渐抬高。清福陵以红墙围建，正中是正红门，进门后是神道，神道两侧列有石兽。神道尽头是依山势而建的一百零八级台阶，台阶上建有碑楼，其后便是福陵的方城部分。方城中的主建筑是隆恩殿，最北部便是设有地宫的宝城。

清福陵中的陵松是其一大特色景观，自1626年起开始栽种，树种为东北黑松。据说清福陵原有古松三万棵（图6-4，图6-5），占地近九千亩，分为山树、海树、仪树、站班松四类。山树指的是天柱山上的树，海树指的是红墙外的树，仪树指的是清福陵红墙内整齐划一的树，站班松指的是神道两侧和隆恩门周围的树，象征着恭立于皇帝陵前的大臣们。清福陵所在的天柱山巍峨雄伟、草木秀美、松林尤其茂盛，清代诗人缪润绂称天柱山上“万松何苍苍”，因此被文人奉以“天柱排青”的称号而列入盛京八景之中。

图6–4　清福陵牌楼

图6–5　清福陵陵松

6.2.3 清昭陵的改建

1663 年，清昭陵与清福陵同时改建，也是效仿明皇陵的型制，基本形成了今天所见的规模和布局。清昭陵自南向北，由前、中、后三个部分组成，前部是指从下马碑到正红门的空间，其间设有华表、石狮、石牌坊等。中部从正红门到方城，由神道相连，神道两侧设有石兽，神道正中建有碑楼。后部是昭陵的主体，包括方城、月牙城和宝城三部分。方城内有隆恩殿等建筑，方城之后设有地宫的宝城，方城和宝城之间的部分称为月牙城，宝城后便是人工堆建的隆业山。

昭陵是盛京三陵中规模最大、保存最完整的陵寝。昭陵中古木蔽日、松林苍劲（图 6-6），掩映着红墙金瓦，景色壮丽。清代金梁在《奉天古迹考》中记载，昭陵中种植很多枫柳，秋季之时，红叶成林，满园风光。因此，“昭陵红叶”成为昭陵的一大特色景观。除此之外，昭陵内还有“隆山积雪”“宝鼎凝晖”“山门灯火”“碑楼月光”“柞林烟雨”“浑河潮流”“草甸莺鹂”“城楼燕雀”“华表升仙”“龙头瀑布”等十景流传。

图 6–6　清昭陵

6.2.4　寺观园林景观建设

（1）太清宫

沈阳太清宫位于盛京城外攘门（小西门）外，即现在的沈阳市沈河区西顺城街与市府大路交叉口。始建于公元 1663 年，由道教传人郭守真将道、儒、释三教、合一而创建，称“三教堂”。

三教堂的大殿中同时供奉道德天尊老子、儒家先圣孔子与佛祖释迦牟尼，这在中国的道教宫观中极为罕见。公元 1779 年，乾隆皇帝下令重修并扩建三教堂，改名为“太清宫”（图 6-7）。太清宫的院落坐北朝南，占地面积大约为 5250 平方米，共有四进院落，呈四合院式对称布局，院中的主要建筑有关帝殿、老君殿、玉皇殿等。

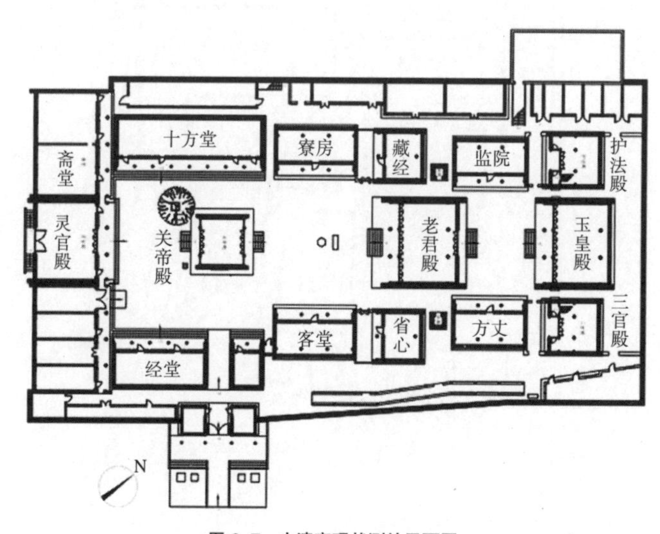

图 6–7　太清宫现状测绘平面图

太清宫的环境静谧、古朴雅致，在清代留都十六景中的“道院秋风”和奉天八景中的“太清仙境”都是用来形容太清宫的景象。清代出版的《陪都纪略》中收集了瑞卿写的《留都十六景 · 道院秋风》一诗，其中“幽闲隆盛太清宫”和“松青竹翠古仙风”的诗句，描述的就是太清宫院宇清幽、殿堂壮丽的景致。

（2）般若寺

位于今沈阳市沈河区大南街上的般若寺，始建于公元 1684 年，是高僧古林禅师创建的佛教寺院。初建时寺院的规模并不大，后经多次修缮扩建、方有今日的规模（图 6-8）。般若寺坐北朝南，占地约 3600 平方米。由东、西两座院落组成。西院有寺院主要建筑的天王殿、大雄宝殿和藏经楼，并建有东、西配殿。东院有祖师堂、东配房、门房等建筑。般若寺庙宇院落规模虽小，但寺中点缀的苍松翠柏、山石、花池，以及香炉、石碑等小品，与殿宇建筑的青砖灰瓦浑然一体，景观风格既质朴又清新典雅。

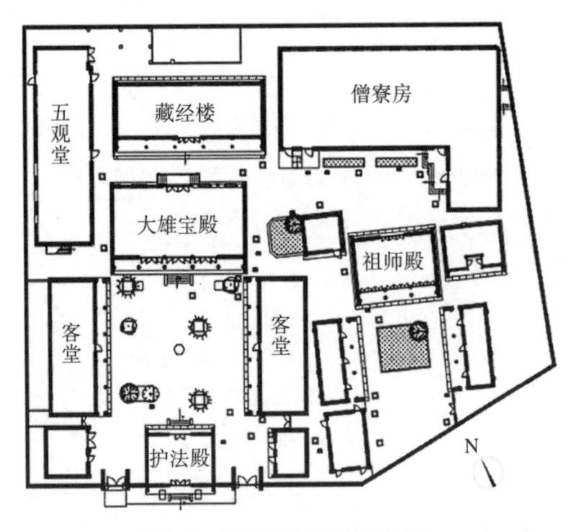

图 6–8　般若寺现状测绘平面图

（3）太平寺

位于盛京城外攘门外（今沈阳市和平区皇寺路老北市场）的太平寺，始建于公元 1707 年，是由锡伯族人兴建的喇嘛庙，又称“锡伯族家庙”。太平寺初建时只有正殿五间，后来经过历次的不断修整、完善，才逐步形成一座规模较大的寺院（图 6-9，图 6-10）。太平寺建筑群坐北朝南，寺院占地总面积约 1.2 万平方米，分别有前后两进院落，东、西两组建筑，总体布局较为严谨。东、西两组建筑之间由花墙隔开，设有两个月亮门。西部的建筑为天王殿、大殿和大雄宝殿，东部为禅房和僧房。此外，由于锡伯族信仰的多样性，在太平寺大雄宝殿的两侧还建有关公殿、文仓殿，以及寺院西北角的胡仙堂。太平寺中的建筑上绘有蛟龙、麒麟、神童、莲花、牡丹等精美彩绘，院落中是砖铺的甬道、雕刻的石狮，以及记载着锡伯族历史变迁的石碑等小品。太平寺的庭院环境虽然比较普通，但院内种植的高大树木为之增添了许多清幽之感。

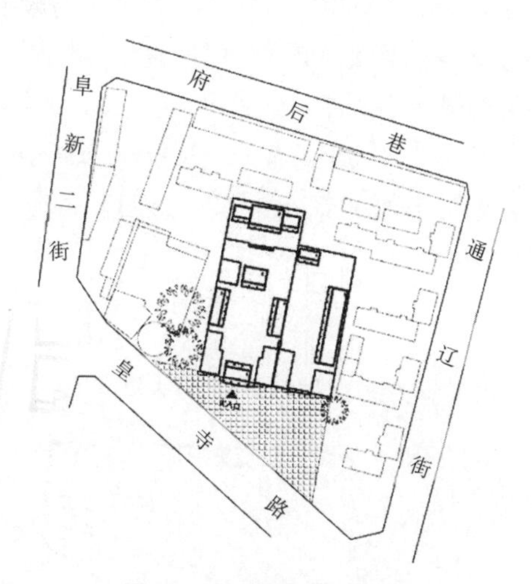

图6-9 太平寺现状测绘平面图

图6-10 太平寺建筑环境

（4）南清真寺

简称“南寺”，位于如今沈阳市沈河区小西路一带的回民聚居区内，是东北地区建设最早、规模最大、最负盛名的伊斯兰教礼拜寺。南寺始建于公元 1627 年，在 1662 年得到扩建，由沈阳铁氏先祖铁魁所兴建，占地约 7480 平方米。南寺的寺院共有前后四进四合院落，主殿坐西朝东，位于中轴线上。寺内主要建筑有山门、二门、抱厦、大殿、礼拜殿以及望月楼，山门外还有广场。

南寺（图 6-11）的建筑墙壁上绘有五彩缤纷的花草，十分淡雅朴素。寺院内花卉树木繁茂，很多年代久远的古木仍留存至今。寺院中央的两棵梧桐树，树龄至今已有 200 年以上，还有两株丁香树，据说是在建寺时种下的，已生长至今。枝繁叶茂的梧桐树和丁香树几乎遮盖了大殿的整个正立面，十分引人注目。每到丁香花盛开时节，南寺内满院飘香。

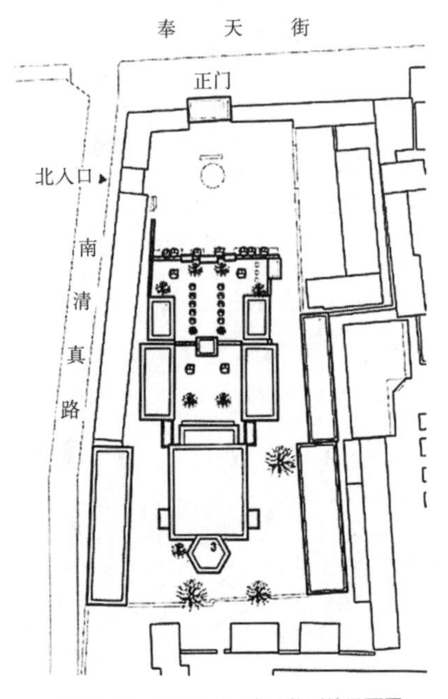

图 6-11　沈阳南清真寺现状测绘平面图

（5）万寿寺

始建于公元 1440 年的万寿寺，又称“慈惠寺”，是由明代豁峰和尚主持修建的，庙址位于盛京城的外攘门外，今沈阳市沈河区小西路一带。据传万寿寺曾是清代皇帝皇太极庆祝生辰的地方，该寺曾于 1711 年重修。整个寺院占地面积约 6000 平方米，寺内有山房、大殿、东西配殿、僧舍等建筑（图 6-12）。当年的万寿寺园林环境优美，清代诗人郭敏的《游万寿寺》诗中描绘寺中庭园景观为“曲水小山流石髓，微风古殿落松花”，而寺外环境则是“长河遥接柳横斜，衬屐芊棉碧草赊”。据此可知，万寿寺内有假山石、曲水、古松和花卉，寺庙园林景观环境优美，而寺外则有河水流过，碧草青葱，垂柳成荫，景色极为秀美。

图 6–12　民国初年的万寿寺内环境

6.3　书院园林

清代中期，即康乾时期，在清帝的倡导下，东北地区十分注重文化教育建设，文庙是当时东北各府县的主要公共设施和文化建设，随着学子的增多，书院建设也受到了重视。清代盛京地区最为著名的书院有铁岭的银冈书院、沈阳的萃升书院，以及辽阳的襄平书院，当时并称为“盛京三大书院”。

6.3.1 银冈书院

位于铁岭的银冈书院（图 6-13）是盛京三大书院中建成最早、规模最大、保存最为完好的书院。银冈书院始建于顺治十五年，即公元 1658 年，由谪居铁岭的郝浴在铁岭古城南门外建立，位于今铁岭市银岗小区内。银冈书院最早是郝浴贬谪到东北后建的宅院，其回京复职后将宅院捐作书院，原占地面积约 1500 平方米，现今已有约 8800 平方米，书院被划分为东、中、西三个院落。东院名为银园，据说是郝浴当年最先在此地建的园林，银园中现建有莲池、假山、曲廊等园林景观；中院是原有的宅院部分；西院是周恩来少年读书的旧址纪念馆。书院中尚有一颗当年郝浴建院时栽下的老榆树，已亭亭成荫，丁香枝叶茂盛，花香馥郁。整座书院的环境清幽典雅、古朴宁静。

6.3.2 萃升书院

萃升书院（图 6-14）始建于康熙五十八年，即公元 1719 年，又称“沈阳书院”，位于盛京城德盛门（大南门）内的东北侧，今沈阳市沈河区朝阳一小学院内。萃升书院最初只建了厅堂三间，规模很小。后于公元 1742 年扩建学堂五间，宿舍及食堂二十一间，从此书院规模扩大，日渐闻名。从历史照片中可以看出，萃升书院的校舍建筑整齐质朴、气质典雅，庭院内树木葱茏，一派幽静雅致气氛。

6.3.3 襄平书院

辽阳的襄平书院（图 6-15）相对于前二者建设时间较晚，但仍属盛京地区康乾时代的遗韵。襄平书院建于清道光十七年(即 1837 年)，位于辽阳市义学街，后于 1884 年迁到辽阳市文圣区刚家胡同。书院坐北朝南，为三进四合院落，院中有垂花门、中厅、后厅、讲堂、书房等古建筑，庭院内布局宽敞，门前设有照壁，院内栽有老柳树，青瓦绿树之间，氛围幽远宁静。现存建筑装饰虽然也是画栋雕梁，却无丝毫奢华之感。漫步在学舍之间，可以感受到绿树周匝、幽雅宁静的氛围，以及当年书院内浓郁的书香与文化气息。

图 6–13　铁岭银冈书院

图 6–14　沈阳萃升书院

图 6–15　辽阳襄平书院

6.4 公共园林

清中期盛京地区公共园林景观逐渐丰富，广为流传的“留都十六景”“陪京八景”中就有很多是当时盛京著名的公共园林景观。清人陈梦雷在《松鹤山房诗集》中记述了他命名的“留都十六景”，分别是：天柱衡云、开城霁雪、东园泛菊、龙石观莲、实胜斜晖、浑河晚渡、御园春望、黄山秋猎、沈水春游、永安秋水、大堤踏月、塔湾落雁、景佑晓钟、天坛松月、南塔柳阴、望云列障。同治年间，清人刘世英在此基础上将之简化为“留都十景”。清末文人缪润绂凭着对家乡盛京的熟悉和热爱，浓缩成“陪京八景”，分别是：天柱排青、辉山晴雪、浑河晚渡、塔湾夕照、柳塘避暑、花泊观莲、万泉垂钓、皇寺钟声。这八景极具代表性和地域特点，早在康乾时期就已存在，绝大部分景点现在依旧可以看到，其中辉山晴雪、浑河晚渡、柳塘避暑、花泊观莲、塔湾夕照是康乾时期盛京最具代表性的盛京公共园林景观。

6.4.1 辉山晴雪

辉山位于盛京城东北部约 17 千米处，清代名士缪公恩曾用“潺潺涧水流花影，谡谡松风动海潮”来形容山上溪水潺潺，苍松成林的景色。山的顶部有约 180 米长、80 米宽的灰白色岩石裸露在外，在阳光的照耀下，远远望去，仿佛山顶常年被积雪覆盖，固有“辉山晴雪”一称。还有一种说法：由于辉山海拔较高，当山下春回大地时，辉山屹立于远处，山顶依然白雪皑皑，雪压青松而天空蔚蓝，景色十分壮美。

6.4.2 浑河晚渡

浑河又名“沈水”，是盛京城南古老而美丽的河流，也是清朝时期最为繁忙的渡口。清代诗人戴梓的《浑河晚渡》中有诗句“暮山衔落日，纤月傍轻舟”描绘在黄昏时分，来到浑河乘舟晚渡时所见到的宜人景色。清代文人瑞卿的诗中写道：“但听钟声出晚寺，归舟隐隐有无中”。描写了傍晚的浑河岸边，在寺庙传来悠扬钟声，归来的渡船在苍茫的水天中若隐若现的情景。

6.4.3　柳塘避暑

旧址位于盛京方城东南部的万柳塘，总面积约 31 万平方米。万柳塘的柳树种类和数量繁多，清代诗人陈梦雷的诗句“城南十里青”、清代诗人张祥河的“夹道浓荫直到城”，均形容了从城南五里河至万柳塘一带的大片柳荫。夏季之时，这里因清凉爽人的风光而被称为“柳塘避暑”，闻名于世。

6.4.4　花泊观莲

旧址位于盛京城西北部十五里的莲花泊，清代时这里是一处天然水池，池中种有莲花，清代诗人缪润绂在《陪京杂述》中描述其“暑月之际莲花盛开，一水涟漪饶有逸致”。这里凭借满塘莲花和清幽的景致而成为盛京八景之一。

6.4.5　塔湾夕照

始建于辽代的无垢净光舍利塔，位于沈阳市皇姑区塔湾。清代初期，此处为山水环绕之地。辽代古塔高高耸立，每到夕阳西下之时，塔倒映在水波之中，水波涟漪，倒影粼粼，景色非常诗情画意。“塔湾夕照”作为盛京八景之一（图 6-16），常常被诗人拿来吟咏。无垢净光舍利塔建于辽重熙十三年（1044 年），清崇德五年（1640 年）重修。清人有诗咏道：“一湾塔影水流春，寒食烟生树树新，疑是雨余青到眼，十三山色欲留人。”

图 6–16　盛京八景之塔湾夕照

6.5 建设特点及影响因素

康乾时期是清代中期最鼎盛的时期，陪都盛京虽位于比较偏远的东北地区，因在文化上受到中原地区汉文化的深刻影响。这一时期无论是城市建设还是园林景观环境营造，都保留了原有的地方和民族特点，但在内容和形式方面，已与汉文化的传统和要求无太大差异。

在城市建设方面，清顺治帝入关后，降格为陪都的盛京城市建设一度停顿萧条，随着康乾时期社会的稳定繁荣，以及皇帝东巡的需要，城市得以继续建设和发展。这一时期，具有佛教特点的曼陀罗城市格局形态已完整形成并强化，盛京城的皇宫和皇陵被改造和扩建，城市也形成了《周礼·考工记》所记载的典型都城格局。康乾时期，除了保留了清初建成的具有满族风格的建筑与城市格局之外，盛京新增建设已完全汉化，如福陵和昭陵的改建及扩建是仿照明皇陵形式，盛京皇宫新建的东所、西所、西路的建筑不仅与紫禁城的宫苑形似，而且具有浓郁的园林意趣。因康熙和乾隆这两位皇帝深深喜爱汉学文化和江南园林，陪都盛京在两位皇帝的影响和倡导下，城市和园林的发展建设日益繁荣，形象和风格已完全汉化。

这一时期，“流人文化”对盛京的文化建设、城市与园林发展建设的影响十分巨大。“流人”泛指清初和清中叶流放到东北地区被贬谪的官宦和汉族知识分子，他们为东北带来了中原地区先进的知识与文化，也培养了大批人才。以郝浴、陈梦雷、函可和尚等为代表的“流人”也将包括园林在内的汉文化带到了东北，为东北地区的园林文化发展做出了不可磨灭的贡献。据《铁岭县志》中记载，郝浴初创银冈书院时，在“居室之旁结茆三间，圜户亮格，颜初建时之以丹。后植山果十余本，筑台于中，略有园林之致”。可见，当年这座书院初建时虽屋舍简陋，但在大文人郝浴的精心布置下，在寒冷荒凉的塞外也呈现出雅致的园林情趣，虽然不能和江南精致美丽的园林相比，却也将中国古典园林的文化内涵和景观意趣栩然展现出来。陈梦雷在《松鹤山房诗集》中,归纳总结出“留都十六景”,

首次将盛京美景以景题结合诗词的形式描绘出来。被称为“东北第一位流人”的函可和尚，在流放期间与其他流人创建的“冰山诗社”，将东北及盛京地区的风物以诗文的形式记载并流传开来，促进了东北地区的文化建设。这些文化流人不仅开拓了盛京文化新风，而且对东北地域文化传承与发展起到巨大的推动作用，影响深远。

6.6 小结

康乾时期，盛京的城市与园林建设可分为四类：一是继续修建与扩建的皇家园林，包括盛京宫殿、福陵和昭陵等。二是宗教文化多元共处，出现大量民间寺观和景观的建设，包括道教的太清宫（三教堂）；佛教的般若寺、太平寺（沈阳锡伯族家庙）、万寿寺；回教的南清真寺等。三是公共园林景观得到推崇，如广为传诵的辉山晴雪、浑河晚渡、柳塘避暑、花泊观莲、塔湾夕照等著名的留京八景（即盛京八景）。四是其他景观类型的出现，如以盛京三大书院为代表的书院园林等。

这个时期的盛京，佛、道、儒文化融合，满族、汉族、蒙古族、回族、藏族等多民族文化相互影响，民间文化兴起，呈现出社会文化繁荣发展的特点。因得益于清帝东巡的需求和“流人文化”的影响，盛京的城市与园林建设更加丰富，形式上更加贴近汉族文化传统与风格。除已有的皇家园林和寺观园林外，也出现了一些供文人骚客吟诵、供百姓休闲娱乐的“留都十六景”或“盛京八景”的城市公共园林景观。自此，盛京的城市文化与景观文化底蕴开始变得深厚起来。

第7章　清中期辽沈地区文庙的景观环境

自从公元1625年努尔哈赤迁都沈阳后，东北地区的政治经济文化中心也由辽阳转移到了盛京，即现今的沈阳。皇太极即位后，清政府大力提倡推广儒家文化，因而有清一代的辽沈地区，各府县的文庙学宫建设蓬勃兴起，成为当时城市中重要的文化建设项目和标志性景观。

7.1　文庙建设

辽沈地区建设文庙的历史悠久，源远流长。据《后汉书·陈禅传》记载："陈禅拜辽东太守，禅于学行礼。"《后汉书·礼仪志》记载："郡县道行，乡饮酒礼，于学校皆祀圣师周公、孔子，是辽东至后汉已祀孔子。"《新唐书·礼志》上记载："贞观四年诏州县学，皆作孔子庙……"当时的辽阳属玄菟郡，古称"襄平"，而陈禅行礼的地方在辽东郡制下的襄平，即如今辽阳。这里建设了东北地区最早的文庙用于祭祀孔子和周公。由上文可知，辽沈地区数千年来一直受到中国封建社会主流文化意识——儒家文化思想的浸润，文化历史十分悠久。

根据《奉天通志》记载，辽阳文庙始建于明洪武年间，明末被毁，清康熙十三年（公元1674年）重建，在1905年的日俄战争中再次被毁，清宣统二年（公元1910年）由乡绅捐资恢复重建。辽阳文庙位于城内东南角，南北长七十七丈五尺，东西宽十二丈，建筑群呈南北走向，建有戟门、棂星门、大成殿、崇圣祠、忠孝祠、贤良祠、泮水池、碑楼，以及一些附属建筑。院内有古松十几株，树干大可数围，正殿后有东山一座，高三四丈，上建启圣祠。从以上描述可了解到，辽阳文庙建筑雄伟、殿堂巍峨，庭院幽深，有着浓郁的园林化氛围（图 7-1，图 7-2）。

图 7-1　清晚期辽阳县文庙的棂星门

图 7-2　清晚期辽阳文庙的泮池与庭园

盛京（沈阳）的文庙历史也很悠久，据《全辽志》记载："沈阳中卫儒学，正统三年（公元 1438 年）都御史李濬奏设。"清代盛京文庙位于沈阳方城的东南隅，建于清天聪三年（公元 1629 年），与清代盛京都城同时期建设。其整体建筑布局呈东西长、南北短的长方形，占地面积约4800平方米。清代康熙和乾隆时期，儒家文化备受重视，盛京文庙得到多次增建与扩建。康熙五年开始增建学宫及启圣祠、东西庑、明伦堂、仪门及东西角门、学署等建筑；康熙四十九年，已将三间圣殿扩建至五间，并增建大成门、启圣门、照壁，义路礼门各一座，修建了二百丈长的围墙，并在学宫外设立下马碑，同时增建名宦祠、乡贤祠。至此，一座布局严谨、疏密有致、规模宏伟的文庙呈现在世人面前。

清代辽沈地区不仅在较大城市建设文庙学宫，一些较小的府县也有建设。例如，沈阳地区的新民县，虽是一个小城镇，但文庙学宫的设置一应俱全。据《奉天通志》记载，新民文庙建于清光绪十三年（公元1887年）："在县城南段，占用地基东西约二十丈，南北约十五丈，大成殿三间、崇圣祠三间，东西庑各三间、棂星门一、泮水池一、池上建石桥如半规形。东西戟门二，照壁长七丈四，围垣墙。"这座小县城的文庙规模虽比不上辽阳和沈阳的文庙，却规制整齐、布局严谨，学宫内的书声朗朗，呈现出一派浓郁的文化气息。

7.2 学宫与文庙

文庙是中国古代城市建制中不可缺少的组成部分，而与文庙紧密相依的学宫往往位于文庙之内或附近，多同与文庙同时落成。例如，铁岭最早的文庙（图7-3）就建在银冈书院内，后来才另建文庙，和书院分开用于祭祀孔子。沈阳文庙最初便是分为东、西两院，东为圣庙、西为学宫，俗称"左庙右学"的布局，这种布局是明清时期常见的文庙型制。新民县的文庙建筑群也是左庙右学，即东庙西学，故而形成了东西长，南北短的总体布局，这也是由于学宫与文庙共存，以东为尊的原因。而辽阳文庙布局却正好相反，西为圣庙、东为学宫，是参照曲阜孔庙的形式设置的，这种布局在南宋时期比较常见。由此也可看出，辽阳文庙建设历史的悠久。

图 7–3　铁岭银冈书院满族民居风格的书屋

一般来说，随着文庙的落成，众多官办民办学校也会纷纷在文庙周围建校兴学，形成以文庙为中心的教学与文化区域。闻名全国的辽东三大书院：铁岭银冈书院、沈阳萃升书院、辽阳襄平书院，就是与当地文庙相邻，共同成为城市的文化象征。

7.3　景观环境特点

从严格意义上来说，由各种殿堂建筑、树木、碑碣和泮水池组成的文庙庭园景观，与文化历史底蕴深厚的中原地区文庙景观环境相比较，显得粗放而简单，很难被称作园林。然而，学庙殿堂的雕梁画栋，泮水池内的清波荡漾、荷叶田田，加之泮池上的古朴石桥，学馆、书舍间掩映的杨柳、青杨与苍松、翠柏，使整个庭园景观呈现出一番别样风景，更显示出关外文庙学宫的景观环境粗犷、厚朴，别具一格。

据史料记载，辽阳文庙历史上曾“拓其南方垒土为山，凿泮池，……筑台增建尊经阁五间”，在日俄战争之后重新恢复的辽阳文庙，院内尚有“古松十数株，大数围，盖前明遗物”，并且在“正殿后有东山一座，高三四丈……”。通过这些记载可知，当年的辽阳文庙内设有人工构筑的假山、水池，其环境布局颇合风水堪舆形势。而其院内枝繁叶茂的巨大松柏所形成的苍郁幽深，更是将辽阳文庙的整体环境渲染得秀美典雅、古朴庄重。十分可惜的是，辽阳文庙如今已完全消失，当年的古朴与清幽只能任凭后人想象了。

盛京（沈阳市）的文庙在整体形制上与辽阳文庙相同，但在规模和建设方面，是当时东北地区最大的文庙，自康熙到乾隆年间都有增建。盛京文庙规模宏大，曾有九位清朝皇帝为之题写匾额，每年两次的祭孔活动，盛况空前。从现存的清末沈阳老照片中可以一睹当年这座文庙景观的风采：殿堂建筑巍峨庄严，亭台楼阁装饰华美，庭园布局工整严谨，院内古木参天、松柏苍翠（图 7-4），文庙山林之庄严、尊贵气质令人肃然起敬。

图 7–4　清晚期盛京文庙大成殿和庭园

新民的文庙与上文提到的两座文庙相比，建设规模上相差很多。其规模虽小，却规制完整，不失庄重、典雅风韵，特别是在文庙的景观环境方面，也有着自己的特点。新民文庙有“泮池一，池上建石桥如半规形……照壁长七丈四……”。短短几句描述，便将这座小县城文庙的景观环境勾勒出来。新民民间有凿池养鱼、种荷花的习惯，这里的泮池自然少不了荷花、莲叶摇曳其间，而一座“如半规形”的石桥飞架其上，更增添了古朴雅致的风度，与绿树掩映下的殿堂、亭舍一起，共同构成了一处幽静雅致的文庙园林。

遗憾的是，上述的三座文庙均于日俄战争时期被毁，其后虽有部分修复，但都难以恢复当年的兴盛情景了。到了民国后期，文庙的建筑大多都已损毁殆尽。如今在辽沈地区能够看到保存最为完整的文庙建筑群就是兴城文庙（图 7-5），但其在规模型制上仅相当于上文提到的新民的文庙规模，而辽阳和沈阳的文庙在规模则比兴城文庙大许多。不过，依然可以从现存的兴城文庙园林中一窥清代东北地区文庙景观环境的一斑。

图 7–5　辽宁兴城文庙的泮池与庭园

7.4　景观构成要素

清代辽沈地区的园林景观，大多表现为园林风格粗犷奔放，较少刻意经营的园景。因此，这一时期辽沈地区的文庙和书院园林，更多是建筑与庭园绿化所形成的园林化景观环境。文庙园林属于寺观园林范畴，森严殿宇、高大松柏、袅袅香火、古碣残碑，构成了文庙园林庄严肃穆的景观环境。然而，当年文庙庭园内外的景观环境具体情况如何，史书上的记载大多语焉不详，唯有从有限的一些文字记载，以及现存的部分清末民初老照片中获得当年文庙园林景观构成的情况，并以此作为辽沈地区文庙园林景观研究的佐证。

由现有资料可知，辽沈地区的文庙园林景观中，植物景观占有重要地位。通过《盛京通志》中所记载的辽阳文庙院内“古松十数株，大数围，盖前明遗物”“正殿后有东山一座，高三四丈……”等内容可知，文庙内的园林景观以植物景观为主，而植物的主要品种以枝干苍劲挺拔、四季常青的松柏为主体，其间也穿插槐树、杨树及柳树等植物，这也寓意着孔孟之道如松柏长青、万代流传之意。从一些沈阳、辽阳的老照片中，以及现存的兴城文庙景观环境现状中可以看到文庙庭院中植物景观以苍松翠柏为主体，形成了既庄严肃穆又幽深雅致的园林景观环境。

在文庙庭院中，一些小型建筑具有园林建筑的特点，与绿化环境相结合，形成具有浓郁园林韵味的景观环境。在辽沈地区的文庙中，常常设有记录文庙历史和功德的碑亭、记载先贤或名人故事的劝学廊、更衣亭、祭品亭等建筑，这些建筑不同于文庙内主要殿堂建筑的高大、森严、雄伟，多是采用小木作建筑的形式，造型轻巧活泼，以绿化景观稍加点缀便可具有园林意趣。文庙园林化景观氛围的形成，与此大有关系。

泮水池与状元桥虽是中国传统孔庙内固定的规制，但二者的形象却是文庙景观的重要组成部分。泮池虽然面积较小，但池内碧波荡漾，反映出天光水影；如彩虹般飞跃其上的状元桥，雕栏古朴、意蕴深长。有些泮池内还有游鱼、青萍及荷花，为幽雅、肃穆的文庙庭园景观加入了清新活泼的气氛。而一些有意无意间形成的建筑形象或装饰也成了园林景观的组成部分。例如，为节省用料而形成的带有花砖洞的围墙、主院与跨院间的圆洞月门，具有满蒙风格的建筑与梁上彩画，都为辽沈地区的文庙园林增添了浓郁的东北文化风韵。

7.5 地域文化特色

辽沈地区在历史上多作为塞外边陲地区存在，文化底蕴难以与关内的中原、江浙等地区相比。尽管沈阳曾作为清初的首都进行过大规模的城市建设，成为东北地区的政治、经济、文化中心，但由于其历史发展和文化积淀较为薄弱，加之气候影响，中国古典园林特征难以充分体现，容易令人产生辽沈地区缺少园林的观念。事实上，辽沈地区的园林景观有着独特的景观形象和地域文化特点。

东北地区严寒气候特点对园林中植物品种的选择影响较大。中国传统园林植物景观“岁寒三友”——松、竹、梅，仅松树类能在辽沈地区生存，而中原地区常见的园林常绿阔叶植物品种，无一可在东北种植成活。因此，东北地区的园林植物景观略显单调。然而，四季分明的气候特点，使得这一地区植物季相特征鲜明：春日繁花似锦、夏日绿荫如盖、秋日山叶灿烂，冬日银装素裹。特别是冬日庭园青松瑞雪交辉的情景，展现出东北地区特有的粗犷、豪迈而又不失典雅清幽的园林气质（图 7-6）。

图 7–6　辽阳文庙内的植物园景

辽沈地区园林的建筑彩绘风格鲜明、色彩艳丽，弱化了冬季园林中的凋零气氛。郝浴建造银冈书院园林时，将草亭的“圆户亮格”涂成朱红色，目的就是在冬日万木凋零、白雪皑皑之时，用亭廊的亮丽色彩振奋观览者的心情。因此，北方建筑上色彩艳丽、内容丰富的彩绘，形成了严寒季节北方园林中亮丽的风景。从现存的一些珍贵老照片中可以看到，辽沈地区文庙建筑彩绘，其色彩丰富艳丽的程度不逊于世俗建筑，故而能够在寒风凛冽的冬日，与纷飞瑞雪、挺拔苍松共同勾画出具有东北地域特色的寒地园林图景。

辽沈地区民族众多，满族、蒙古族、回族、汉族、朝鲜族、锡伯族等各民族的风俗习惯和民族文化在此融汇，形成了关东地区独特的地域文化。即使是在宣扬儒家文化的文庙中，地域文化特点依旧非常鲜明，建筑形式不仅具有东北地域特点，在建筑彩绘方面，大量吸收并融合了满族、蒙古族、回族、汉族等民族具有代表性且民族特色鲜明的图案、色彩和符号。彩绘内容既有民间常见具有吉祥寓意的图案，也有汉族文人喜爱的山、水、花、鸟和名人典故，这使得文庙建筑彩绘的图案色彩变化丰富，内容生动活泼。这也反映出东北地区各民族之间和睦相处、文化上相互交融的特征。具体表现为以下四个特点：

一是园林植物的地域特征鲜明，园林中多采用高寒地域常绿植物，如松、柏、杉科树种，形成庭园常绿植物景观。

二是园林建筑彩绘丰富，色彩艳丽，意在以鲜艳的建筑色彩来丰富冬季北方园林的视觉观感，这也是北方园林建筑常用的造景方法。

三是园林中有少量亭廊等建筑，更多是具有特定功能的、小木作的附属建筑可起到建筑景观小品的作用，如文庙的碑亭、碑廊、泮池、泮水桥等。

四是体现了多民族融合的文化背景和地域特点，具体表现在建筑格局、园林风格，以及园林建筑的彩绘图案方面，例如，辽沈地区的文庙庭院多是具有北方风格的四合院格局，园林植物景观以常绿针叶树为主，如松、柏、杉等树种，而建筑彩绘则融合了汉族及少数民族的特点。

7.6 小结

辽沈地区的园林属于中国北方园林类型，是中国古典园林体系的组成部分。尽管清代辽沈地区的园林历史和文化积淀较为薄弱，园林景观的内容和形式显得简单粗放，但其所表现出的地域与文化特色却十分独特，既有北方寒地园林的景观特色，也显示了以汉文化为主体，与东部地区多民族文化交汇融合的特点。

辽沈地区的文庙景观环境，虽然在内容和形式上比较简单粗放，但仍不失中国古典园林的风韵。在东北地域气候、文化的影响下，融合了多民族文化特点的园林建筑与装饰、代表地域特色的园林植物、季相景观和当地建筑材料等要素，其所构成的清代辽沈地区寒地园林，受到了中原地区传统园林文化的深刻影响。

第 8 章　清中期辽沈地区书院与学宫的景观环境

清皇太极即位后，清政府大力提倡推广汉人的儒家文化。因而，有清一代的辽沈地区，各府县的文庙学宫建设蓬勃兴起，成为当时城市中重要的文化建设项目和标志性景观。清中叶之后，随着儒家文化的推广及“流人文化”的兴起，东北地区的各级教育设施逐渐增多。

8.1　书院与学宫的建设

辽沈地区建设文庙的历史悠久，现在的辽阳（古称“襄平”）建设了东北地区最早的文庙，用于祭祀孔子和周公。盛京（沈阳）的文庙儒学历史也很悠久，据《全辽志》记载：“沈阳中卫儒学，正统三年（公元 1438 年）都御史李濬奏设。”清中叶以后，东北的各个城市建设的文庙，基本上都用于文化启蒙与思想教化，并于文庙附建学宫。闻名全国的辽东三大书院：铁岭银冈书院、沈阳萃升书院、辽阳襄平书院，培养了众多举人、进士，是东北地区儒家文化传播中心。辽沈地区数千年来一直受到中国封建社会的主流文化意识——儒家文化思想的浸润，其文化历史十分悠久。

文庙是中国古代城市建制中不可缺少的组成部分，与文庙紧密相依的学宫也是其必不可少的重要组成。学宫往往位于文庙之内或附近，并与文庙同时落成，例如，铁岭最早的文庙就建在银冈书院内，另建文庙后与书院分开，用于祭祀孔子。沈阳文庙最初分为东、西两院，东为圣庙、西为学宫，俗称“左庙右学”的布局，这种布局是明清时期常见的文庙型制。新民府的文庙建筑群也是左庙右学，即东庙西学，故而形成了东西长，南北短的总体布局，这也是由于学宫与文庙共存，以东为尊的原因。而辽阳文庙布局却是正好相反，西为圣庙、东为学宫，是参照曲阜孔庙的形式设置的，这种布局在南宋时期比较常见，由此也可看出，辽阳文庙建设历史悠久。

8.2　辽东三大书院

一般来说，随着文庙的落成，众多官办、民办学校也会纷纷在文庙周围建校兴学，形成以文庙为中心的教学与文化区域。闻名全国的辽东三大书院：铁岭银冈书院、盛京萃升书院、辽阳襄平书院，就是与当地文庙紧密相邻，同衰共荣，共同成为城市的文化风景。

8.2.1　铁岭银冈书院

东北地区的银冈书院（图 8-1，图 8-2），是现今东北地区唯一保存下来的完整古代书院，位于当年铁岭文庙之侧，由清代著名文人郝浴创建。书院的周边及内部景观环境在郝浴的《银冈书院记》中如是记载："浴甲午九月谪奉天，戊戌五月下岭，卜宫于南门之右，方十许亩。中为书屋三间，前有圃种蔬，后有园种花……，屋后一冈，隐然卧龙，所谓'银冈'者也。"因铁岭古称"银州"，故此冈

图 8-1　铁岭银冈书院大门

图 8-2　银冈书院的书屋

名为“银冈”，即银冈书院名字的由来。据《铁岭县志》中记载：“居室之旁结茆三间，圆户亮格，颜初建时之以丹。后植山果十余本，筑台于中，略有园林之致。”可见，当年这座书院初建时虽屋舍简陋，但在大文人郝浴的精心布置下，在寒冷荒凉的塞外也突显了园林景观的雅致古朴，虽然不能和江南精致美丽的园林相比，却也将中国古典园林的文化内涵和景观意趣栩然地展现出来。

8.2.2　盛京萃升书院

之后建立的盛京萃升书院（即沈阳书院，图 8-3），由于其坐落在中心城市盛京，很快成了东北地区最大的高等学府和人才培养基地。盛京作为清王朝的陪都及龙兴之地，清政府对它的城市建设极为重视，兴建文庙、学宫、书院便是其中一项重要工程。萃升书院始建于康熙五十八年（公元 1719 年），位于盛京文庙之右（即西侧）。最初规模较小，乾隆二十七年（公元 1762 年），经多次扩建，已成东北最大学府。时任奉天府尹的欧阳瑾取萃聚英才之意，题写“萃升书院”四字楷书匾额，悬挂于书院仪门之上。从此，书院被正式命名为萃升书院。关于这座书院内部的景观环境，相关史料记载极少，但却可以从现存的部分老照片中一窥萃升书院景观环境的情况。照片中，书院建筑古朴，校舍整齐，庭院内树木葱茏，气氛幽静雅致。

图 8–3　民国初年沈阳萃升书院的大门

图 8–4　辽阳襄平书院大门的彩绘

8.2.3　辽阳的襄平书院

辽阳的襄平书院（图 8-4）在三座书院中最晚建成，始建于清道光十七年（1837 年），由辽阳知州章朝敕率众集资修建而成。当年的襄平书院作为辽东地区高等学府之一，也培养出了众多人才，在国内学界名噪一时。现今尚存的遗迹仅有一处青砖瓦舍院落，据说是当年的讲堂。现存建筑上的装饰虽也有画栋雕梁，却无丝毫奢华之感。漫步在学舍之间，可以感受到绿树周匝、幽雅宁静的氛围，以及书院内浓郁的书香与文化气息。

8.3 景观环境特点

清代辽沈地区的园林景观，大多表现为园林风格粗犷、奔放，较少刻意经营的园景。因此，这一时期辽沈地区的文庙园林，更多是建筑与庭园绿化所形成的园林化景观环境。文庙园林属于寺观园林范畴，森严殿宇、高大松柏、袅袅香火、古碣残碑，构成了文庙园林庄严肃穆的景观环境。从现存的兴城文庙景观环境中可以看到，庭院中的植物景观以苍松、翠柏为主体，形成了既庄严肃穆又幽深雅致的园林景观环境。

清代的学宫和书院同文庙比较，在景观环境的构成方面有许多共同特点。学宫多是与文庙相邻，景观形象也受到文庙环境影响。书院与文庙的关系也较为密切，辽东的三大书院基本上都是与文庙比邻而居。铁岭的文庙早年就是与银冈书院建在一起，后来在书院旁另建文庙后才分开。从郝浴的《银冈书院记》中的描述可以知道，即使是塞外苦寒之地的辽东地区，书院的景观环境仍深受中原地区园林文化的影响。在银冈书院的庭院之中，种菜养花，植果树十几株，形成园林风韵。三间圆户亮格的草亭，与十几株山果树共同勾勒出一幅极具隐逸情调的山居景色，同时也显示出银冈书院高雅的文化气质。园林内容虽简单，却幽雅宜人。而沈阳萃升书院和辽阳襄平书院的庭园景观环境，文字记载较少，从老照片的影像中可以推断，其庭院内的园林景观仍是以植物景观为主，但植物的品种更加丰富，阔叶植物和观花植物品种占比重较大，因而形成的书院庭院景观更加活泼生动，优美宜人，给书院内的学子和教师们提供了良好的读书氛围。

由此可见，清代辽沈地区的学宫及书院，其建筑景观与庭院环境的园林化氛围比较浓郁。学宫作为文庙的附属部分，其景观环境受到文庙环境的影响，风格特点与文庙相似。作为学子读书的高等学府，书院的景观环境更多些园林意趣，以及安宁平和的书香氛围。

8.4　地域文化特色

辽沈地区在历史上多是作为塞外边陲地区而存在，文化底蕴难以和关内的中原、江浙等地区相比。尽管沈阳曾作为清代初期的首都进行过大规模的城市建设，并成为东北地区的政治、经济、文化中心，但由于其历史原因，文化积淀较为薄弱，加之气候影响，景观形象更为粗犷、淳朴，不及中原、江南地区的建筑与园林的精工细致。因而，中国古典园林许多形象特征难以充分体现，这也正是东北地区园林特有的景观形象和地域文化特点。

8.4.1　园林植物

东北地区严寒的气候特点对园林中植物品种的选择影响较大。中国传统园林植物“岁寒三友”之松、竹、梅，在辽沈地区能生存的只有松树类，而中原地区常见的园林常绿阔叶植物品种，无一可在东北种植成活。因此，东北地区的园林植物景观略显单调。然而，四季分明的气候特点，使得这一地区植物季相特征鲜明：春日繁花似锦、夏日绿荫如盖、秋日山叶灿烂，冬日银装素裹。特别是冬日庭园青松瑞雪交辉的情景，展现出东北地区特有的粗犷、豪迈，而又不失典雅清幽的园林气质（图 8-5，图 8-6）。

图 8–5　民国时期辽阳文庙庭园的花墙

图 8-6　民国时期辽阳文庙内的植物园景

8.4.2　建筑彩绘

辽沈地区的园林中，风格鲜明、色彩艳丽的建筑彩绘可用于减弱冬季园林中的凋零气氛。郝浴建银冈书院园林时，将草亭的“圆户亮格”涂成朱红色，在冬日万木凋零、白雪皑皑之时，用亭廊的亮丽色彩振奋观览者的心情，形成园林中轻松活泼的观赏景点。因此，北方建筑上色彩艳丽、内容丰富的彩绘，弥补了冬日绿色植物景观的不足，形成严寒季节北方园林中的亮丽风景。从现存的一些珍贵老照片中可以看到，辽沈地区的建筑彩绘色彩丰富艳丽，故而能够在寒风凛冽的冬日，与纷飞瑞雪、挺拔苍松共同勾画出一幅具有东北地域特色的园林景观图景。

8.4.3　民族文化

辽沈地区民族众多，满族、蒙古族、回族、汉族、朝鲜族、锡伯族等各民族的风俗习惯和民族文化在此融汇，形成了关东地区独特的地域文化。即使是在以汉民族文化为主体的学宫与书院园林景观环境中，地域文化特点依旧非常鲜明。作为儒家文化的标志，辽沈地区文庙的型制体现了社会主流文化——儒家文化，也就是汉文化的特点。而用于传道授业的书院、学宫的建筑，则有着满族民居的特征，银冈书院带有火炕的学舍，就是典型的具有满族民居特点的建筑。而上文提到的建筑彩绘，更是大量吸收并融合了多民族具有代表性的、民族特色鲜明的图案形象。彩绘内容既有民众惯用的、具有吉祥寓意图案，也有汉族文人喜爱的山水花鸟和名人典故，使得建筑的彩绘内容丰富，色彩变化多样，形象生动活泼。该现象也反映出东北地区各民族人民生活上和睦相处、文化上相互交融的地域文化特点。

8.5　小结

清代辽沈地区的书院园林属于中国北方园林类型，也是中国古典园林的组成部分。尽管在园林艺术和园林文化方面的积淀较为薄弱，园林景观的内容和形式略显简单、粗放，但其既有北方寒地园林的景观特色，也显示出了汉文化与多民族文化交汇融合的特点。具体表现为以下四个特点：

一是园林植物的地域特征鲜明，园林骨干树种多采用当地高大的乔木，结合常绿植物，如松、柏、杉科等树种，以及观赏类灌木，形成庭院植物景观。二是园林建筑彩绘丰富，色彩艳丽，意在以鲜艳的建筑色彩丰富冬季北方园林的视觉观感，这也是北方园林建筑常用的造景方法。三是园林建筑及小品数量较少，造园要素比较简单。四是在建筑格局、建筑彩绘等方面体现了多民族融合的文化特点。

辽沈地区的书院园林景观，虽然在内容和形式上比较简单、粗放，却不失中国古典园林的风韵。在东北地域气候及文化的影响下，融合了多民族文化特点的园林建筑与装饰、代表地域特色的园林植物、季相景观和当地建筑材料等要素，其所构成的清代辽沈地区寒地园林，受到了中原地区传统园林文化的深刻影响。而辽沈地区园林的发展与变迁，也反映了清代东北地区城市建设和历史、文化的发展历程。

第 9 章　清晚期沈阳的城市与园林建设

清代晚期（公元 1840-1911 年），是指从中英第一次鸦片战争开始到民国期间成立的这段时期，也是清王朝历经内忧外患，逐渐衰败，最终退出历史舞台的时期。清政府腐败无能，无力解决国家的内部混乱，更无法抵抗外国列强的入侵，东北大地成为外国列强的角斗场，日俄两国为了获得东北地区的利益而在这片土地上发动了旷日持久的战争。古老盛京的城市面貌也随着社会的动荡和变迁，以及西方文化的强势进入而发生快速变化。

9.1　历史与社会背景

清晚期的盛京城，由于被迫开埠通商和东清铁路（又称“中东铁路”“东北铁路”）的建设，城市面貌和格局发生了巨大改变。特别是日俄战争之后，盛京的城墙、城内外的古建筑、园林等遭到严重破坏，传统的城市景观也随之发生重大变化。

9.1.1　列强势力和西方文化的影响

1840 年鸦片战争之后，清朝皇帝不再东巡祭祖，无暇顾及陪都的建设，盛京城的建设因此发展缓慢以至停滞，并且开始走向衰落。随着外国资本势力逐步加深对东北地区的侵入，东清铁路的建设改变了东北大地的面貌。盛京也在战争、鸦片、洋教、洋货的冲击下，逐步沦入半封建半殖民地的深渊。城市数次遭受战争的破坏，城郭被践踏，房屋被摧毁，人民为躲避灾难遗弃恒产，流离失所。日俄战争结束后，获胜方日本得到南满铁路的特权，并开始在沈阳地区大规模建设自己的侵占地，城市面貌也开始改变。

9.1.2 日俄战争造成巨大破坏

1905年爆发的日俄战争中，曾经繁华的盛京城损失惨重，虽然主要战斗是在城外进行，但传统的建筑与园林仍遭到严重破坏，有的甚至完全消失。在沙俄占据盛京期间，俄军司令部设在盛京皇宫内，时间长达两年之久。这期间，宫内丢失和损坏的藏品多达一万件以上。俄军把大炮设在城墙上，使墙体因炮火振动而开裂。日军攻城时，将城墙的多处城楼、角楼轰毁，城内许多古建筑也遭到破坏。俄军曾在故宫内掘地数尺搜寻财宝，又放火焚烧南塔广慈寺，仅留下孤零零的南塔；西塔延寿寺的钟鼓楼被烧毁；外城大法寺被俄军占为兵营，木门窗被劈下烧火，古松被砍伐殆尽；城中的万寿寺、长安寺等著名寺庙也均遭到不同程度的破坏。郊外的皇陵周围也发生过激烈的战斗，清福陵的贵妃园寝被炸平，两陵古松被焚毁无数。据《奉天三十年》描述："由于战争，满洲大地上的景观也发生了很大的变化，最明显的就是树木消失了。从前，每隔数百码就会看到的白杨、松柏和柳树丛，现在都不见了，举目四望，都是光秃秃的大地"。

9.1.3 清晚期新政推动了沈阳及周边地区的发展

清晚期是沈阳进行近代城市规划与建设的开始时期。20世纪初期，清政府实行"新政"，在政府支持下，东北地方当局组织了一场轰轰烈烈的城市近代化运动，目的是为了"自行开放和开发商埠地、改造老城区、创建近代化市政管理系统、发展近代工业"。新政的实行使盛京（即沈阳）人口迅速增加，加快了南满铁路周边村落、城镇的形成和发展，从而推动了盛京周边城市群的形成与发展。通过这些新政策和措施，沈阳市经济状况获得了长足的进步，城区面积迅速扩大，商埠地也开始日渐繁荣，近代化发展初具雏形。

9.2 城市建设

清晚期的沈阳，被动地开始了近代化变革。从清晚期至民国初年，沈阳政权交替复杂，文化碰撞激烈，城区的建设形成多种风格，同时也带来诸多弊端。在这段混乱的历史时期，城市在夹缝中发展，先进的城市建设理念开始出现，并被认同。

9.2.1 开埠通商与城市建设

1861 年，牛庄（今营口）开埠作为东北地区的通商口岸，清政府向帝国主义列强敞开了东北的大门，而沈阳作为列强们侵占东北遇到的首个地区性中心城市，很快也被动地开放商贸。特别是在日俄瓜分东北地区后，随着日本侵占地（满铁附属地）的兴建，西方商贾也纷纷涌入沈阳，在附属地和奉天古城之间开辟商埠地，增设具有较为完备的城市市政设施，盛京城被动地开始了近代城市建设的进程。

1903 年至 1908 年间，沈阳自行开埠通商。商埠地最初划定在北孤家子村及皇寺一带，即东自小西边门及边墙，西与日本满铁附属地相接，南至今市府大路，北到皇寺北面的铁路线。商埠地的街区统一规划，道路划分明确，路面铺石子或柏油、宽阔整齐，配有行道树、花坛、路灯等街道景观。商埠地内采用近现代的管理方式，统一供水、供电，并建有消防队、邮局、学校、花园等公共建筑与设施。城市有了新的面貌。

9.2.2 满铁附属地的建设

1905 年日俄战争后，日本接管了南满铁路的控制权。随后，日本开始了侵占地（即满铁附属地）的建设。从 1907 年起，日本出于侵占东北的需要，逐步在满铁附属地开始建设一系列的城市基础设施。奉天满铁附属地位于盛京老城区西部，占据了北至沈阳的北七马路，南到南五马路，西至奉天驿，东至和平大街的广大区域，最初面积约为 5.95 平方公里。满铁附属地的规划采用巴洛克形式主义手法，由平行、垂直、斜线三种形式道路组成放射状网格式空间布局，创造出一个以奉天驿（沈阳火车站）为中心的、充满秩序而又错综复杂的空间体系（图 9-1）。以矩形格与放射形道路为骨架的街路网，在道路交会处形成圆形广场（现沈阳中山广场），是城区的中心，突出了城市景观的节点性和对景性。满铁附属地与商埠地相连，两者相加的面积比沈阳旧城的一半还要大。因此，到 20 世纪初，沈阳城以近代城市理念规划与设计向西扩展出新城区，与盛京古城相比，新城区的城市面积扩大了许多。

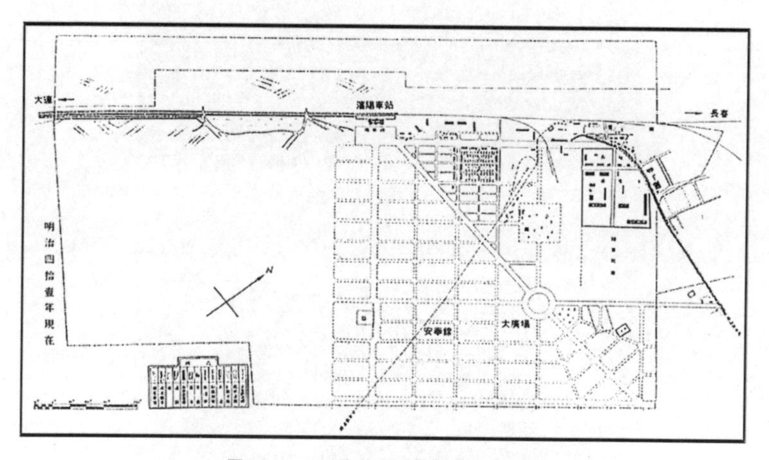

图 9–1　1980 年奉天满铁附属地平面图

9.2.3　寺庙与教堂的建设

（1）盛京的清真寺

清代晚期，在小西门外围绕南清真寺逐渐形成了回族聚居区，除了最早建成的清真南寺（图 9-2），又建成了清真东寺（图 9-3）和清真北寺（图 9-4）。北寺与南寺隔街相望，东寺在清光绪十六年得到扩建，成为现今规模。北清真寺占地约 5200 平方米，建筑面积约 1600 平方米。东清真寺占地面积约 2570 平方米，建筑面积约 1100 平方米，寺中的主要建筑有礼拜堂、望月楼，以及讲经堂、沐浴室等配殿(图 9-5)。特别是东清真寺的建筑，建筑主体是青砖砌筑，而门廊却采用希腊柱式。风格融合了中国传统形象与西方古典风格，反映出这一时期盛京的建设已经受到西方文化的强烈影响。

图 9-2　沈阳清真南寺

图 9-3　沈阳清真东寺

图 9-4　清真北寺

图 9-5　清真东寺庭院

（2）教堂的兴建

鸦片战争之后，盛京城逐渐成为帝国主义的半殖民地，西方外来文化传入这片土地，盛京城中出现了西方传教士与教堂，比较著名的有小南天主教堂和东关基督教堂。

盛京城中的天主教堂始称“奉天主教府大堂”，今称“小南天主教堂”，位于今沈阳市沈河区小南街内。1878 年由法国传教士方若望主持建造，后在 1900 年的义和团运动中被焚毁。1912 年，法国的苏悲理斯主教在原址上进行重建。教堂的院落占地总面积约 9264 平方米，分为东、中、西三个院落，东院为修女住宅，西院为神学院，教堂位于中院，坐北朝南，砖混结构，青砖素面，是典型的欧洲哥特式建筑。教堂内的主教府前和教堂东南角各有一处规则的四分式花坛（图 9-6），形成了典型的西式庭院。

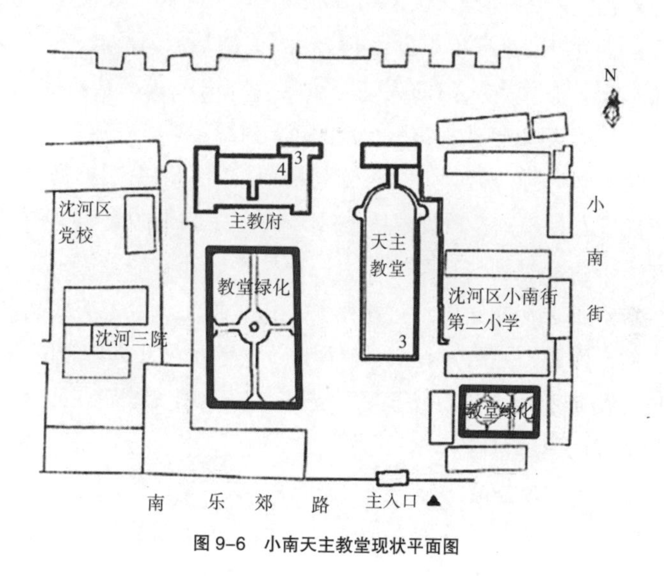

图 9–6　小南天主教堂现状平面图

沈阳东关基督教堂创建于 1876 年，位于大东区东顺城街，教堂的主体建筑——大礼拜堂复建于 1907 年，为西式青砖建筑。教堂院内采用西方规则式的布局，种有松、柏等植物，院内中央正对礼拜堂处建有一个圆形树池，池中有高、低两个层次的圆形剪型绿篱，中央植有桧柏，整个教堂庭园环境氛围宁静庄重。

9.3 园林建设

清代晚期的沈阳与当时中国的许多大城市一样，在洋枪、洋炮的威慑下，被动地接受了西方的新思想和近现代城市建设理念，不仅城市形象西方化，在园林景观的建设方面也呈现出传统与现代共存的情况。既有传统的私家园林，也有天主教和基督教等西式庭园，而城市公园的出现则是盛京古城的城市建设从传统走向现代的重要标志。

9.3.1 私家宅园

（1）文祥府宅

又名“文中堂府”，位于沈阳市大东区大东路二段文中里。宅邸始建于道光二十五年（公元 1845 年），同治年间形成二进院落，坐北朝南，有两重大门的大宅院。据说院内布置了精巧的奇石、假山;丁香、皂角等观赏花木枝繁叶茂、树影婆娑。在第一道门外，成对的石狮、钟鼓磴、上马石分列两旁。门内是横亘单檐福字影壁，以青石为基础，雕刻着精美的砖楣。二道门是传统的垂花门，垂花木雕色彩艳丽，精美非常，门两侧是砖花隔墙。第一进院落是接待和下人用房，第二进院落是上院，即主人及家眷用房。上院有前后围廊，并附建有东、西耳房。院落虽是北方四合院布局，但结合精巧的假山奇石、婆娑的花木，以及精美的砖花隔墙，形成了浓郁的园林氛围。

（2）赵尔巽公馆

位于今大东区万泉街的赵尔巽公馆（即万泉公园的西南角），约建于 1905 年。赵尔巽（公元 1844-1927 年）曾任东三省总督一职，是赫赫有名的盛京将军。赵尔巽公馆占地面积约 1000 平方米，是典型的中国北方四合院式布局，原来由主院四合院、东西跨院和后花园组成，现今东西两跨院、后花园已不复存在，仅留下了占地面积约500平方米的四合院，院中建筑主要有前门楼、正房、厢房等。根据晚清诗人张之汉在《万泉河杂咏》中的诗句“名园买夏数荷钱，别墅谁营兜率天。半可亭空鸿雪漶，不堪花木忆平泉”，可推断该公馆依万泉河畔而建，公馆的后身便是小河沿的荷塘，周边环境绿树成荫、涟漪轻荡、荷香扑面，风景醉人。如今赵尔巽公馆的四合院内有砖铺甬路，路两侧栽种植物和花卉，正房前原有一座小型的假山石。整个公馆青砖灰瓦、风格淡雅(图9-7，图9-8)。

图9–7　赵尔巽公馆围墙

图9–8　赵尔巽公馆内院

（3）盛京道台府花园

清末奉天府道员荣厚有一处旧宅，位于盛京城大南门附近。宅内建筑布局主要为传统四合院形式，花园内有假山，山上有亭。1911 年，被当时奉天巡防营统领张作霖买下作为自己的府邸，并在原来花园的基础上进行了改建及扩建，最终成为后来著名的大帅府花园。其后建设的帅府花园中，无论建筑还是园林景观，都体现了这一时期中西方文化兼顾的特点。

9.3.2　现代城市公园

（1）万泉公园

万泉公园始建于公元 1885 年,初名为“也园”,后改称“万泉园”,是由清代一位姓沈的绅士在盛京城中的小河沿一带修建（图 9-9）。公园在建设初期铺设道路、种植树木，修建亭阁水榭、引入人工湖、建设假山石和桥梁,初具公园规模。1906 年,公园被转让给天水氏,又增建了津桥、鸥波馆，增添了游船等设施。1913 年，公园由天水氏移归东三省官银号管理后，又在公园的东南角开辟了植物园，增设长椅、棚亭等，逐渐发展成为正规的城市公园。如今的万泉公园濒临沈阳南运河，占地面积约 3.3 万平方米，园中有大面积的园林绿化，树木茂密，绿荫藏阁。盛夏之时，这里碧波荡漾，万柳垂风，风景引人入胜。因此，“万泉垂钓”成为著名的盛京八景之一。

图 9–9　沈阳万泉公园

（2）奉天公园

奉天公园始建于公元 1907 年，占地约 3.94 万平方米。园址位于清代盛京城外攘门（小西门）外，今沈阳市人民政府旧址及原沈阳宾馆一带。公园平面呈长方形，周围有矮墙环绕，四个方向各设一门，入门后的四个方向各建一亭，东门称“雪亭”，西门处有“众欢亭”，北门有“八角亭”，南门有“澄心亭”，建在水池之上（图 9-10）。奉天公园内有人工湖、荷花池等水景，有亭榭、楼阁、茶社、图书馆、大鼓书场等建筑与场地，还建有假山、拱桥、秋千架等景观小品，公园的西北角设有鹿园和动物厩舍，圈养了黑熊、猿猴、灰狼、狐狸、仙鹤等动物用于观赏。此外，奉天公园内植物景观也十分丰富，种植有马尾松、龙须柳、德国槐、白杨、玫瑰红、大红桑等乔木两千一百多株，还有大片的蒲菱、芙蓉、洋菊、薄荷等草本植物。奉天公园内各种游览设施齐全，植物繁盛，满足了人们夏日纳凉、休闲、游览的需求。

图 9–10　奉天公园

（3）春日公园

清末的沈阳，日本人在满铁附属地进行了大规模的城市建设。春日公园就是日本人在满铁附属地先后修建的几个公共游园之一。

公园于1910年建成，占地面积约为6.4万平方米，位于满铁附属地东北部，公园平面呈正方形，园中建有假山、凉亭等景观设施，还有儿童活动场地和滑梯、秋千等活动设施。春日公园旁还建有日本神社，可见公园建设的主要目的是为日本人服务，并用于宣扬日本文化。

9.4 建设特点

清晚期的沈阳，已不再拥有清王朝鼎盛时期的荣光，昔日的龙兴之地已成为西方列强侵略与争夺的对象。随着日俄等列强势力同时进入的西方文化，把西方先进的城市建设理念也带入到沈阳，城市公园的理念被用于沈阳的城市建设之中。以万泉公园、奉天公园为代表的新式园林的出现，反映出当时人们对西方先进的新思想和新文化的接受，是沈阳近代城市公共园林绿地建设的开端。

沈阳早期建设的万泉公园、奉天公园，以及一些私家庭园等，大多仍采用传统的中式园林造园手法与意境，体现出盛京古城的传统文化及古老风韵。尽管西式园林文化汹涌到来，但在清晚期的沈阳，中式传统园林仍然受到上层人士的推崇。不过，上述两个公园在后来的规划布局上已采用西式规划形式。因而，西式的草坪、花坛、雕塑等形象常常出现于城市公共园林的景观营造中。

以春日公园为代表的公园，采用了西方公共园林的规划理念和方法，较好地迎合了民众游憩、休闲等使用需要，也是这一时期新式园林的代表案例。而一些接受过西式教育的人也往往在自己的私家园林景观营造中采用西式园林的景观形象。由此可见，西方的园林景观已被当时上层人士所接受，并推广。随着西方的生活方式、文化教育和市政建设理念等逐渐传入，盛京古城居民的思想与文化观念也在改变。人们接受西方城市建设理念的典型表现是以公园为代表的城市公共园林绿地的出现。

清晚期的沈阳，古老传统的城市建设基本趋于停滞，而以西方现代城市规划理念建设的外国侵占地（满铁附属地）却在快速发展，中西合璧的建筑屡见不鲜，中西混搭的园林也频频出现，这些都反映出当时传统与外来文化的碰撞与交融，并在城市建设和园林景观形象方面得到体现，城市形态格局的改变和园林景观的转型是这一历史时期的主要特点。

9.5　小结

清代晚期是整个中华民族遭受浩劫，社会动荡、变迁的时期。随着清王朝逐渐衰落，盛京古城的城市管理无力，城市建设也停滞下来，而西方列强却在这里肆意横行，设立殖民地管理机构，沈阳逐渐沦为半封建半殖民地的所在。受日俄侵略和西方文化的影响，城市的格局和面貌产生巨大改变。沈阳城市内外的传统园林景观在战争中遭到极大毁坏，有些甚至消失。而具有西方文化特征的建筑与园林景观逐渐出现，新兴的现代城市公园开始形成，沈阳古城被动地开启了现代城市建设的进程。

第10章　民国奉系军阀时期的城市与园林建设

近代的沈阳，从一个封建王朝的落日余晖中走出，经历了帝国主义瓜分、统治，被迫开始近现代城市建设的风雨历程。民国期间建立后，沈阳的政权统治是奉系军阀与日本侵占势力对峙并存的状态。民国期间的沈阳，将城市建设和园林建设按照时间顺序划分为两个时期：第一个时期是从1911年清王朝灭亡，民国期间成立，到1931年“九·一八”事件发生之前，由沈阳奉系军阀统治的时期；第二个时期是自“九·一八”事件后，日本在东北建立傀儡伪满洲国政权取代奉系军阀，对沈阳进行以侵占掠夺为目的的城市建设时期。在民国奉系军阀时期的城市建设，可以说是盛京古城由传统城市进入到现代城市建设的开始。

10.1　城市建设背景

奉系军阀统治时期，沈阳的城市建设在奉天市政府和日本侵略势力的控制、影响下逐渐走向现代化，沈阳的城市建设逐渐接近西方现代城市形式。这一时期的城市建设表现在城市建成区的扩大，以及按照西方城市规划理念而进行城市功能分区的建设，使城市面貌发生了巨大的变化。

10.1.1　民族自主的城市建设

1911年清朝灭亡后，以张作霖为首的奉系军阀控制了东北地区的军政大权，并将沈阳作为统治中心，同时也开始了对沈阳的城市建设。这期间，沈阳市区向东、向北扩展，在城市东部依托自主修建的奉吉铁路，规划建设了城市新区——奉海市场和军事工业区——大东新市区，在城市北部规划建设了西北工业区（即惠工工业区），并且在北陵、柳条沟等地区建设了包括东北大学、东大营、北大营等标志性建筑的新市区（图 10-1）。在民国奉系军阀的统治时期，市区范围骤然扩展，形成了与日本侵略势力的有力抗衡，有效地遏制了日本侵略的扩张。1923 年，奉天市政公所成立，并开始执行《奉天市暂行章程》，主要内容包括：拆除城墙、拓宽马路，拓展更新城市空间；合理规划城市空间，推进城市工商业；建立城市管理机构，提高市民素养，完善城市基础设施；开放并建设城市公共活动空间等。自此，沈阳古城的传统风貌发生改变，促进了沈阳近代城市规划与城市建设的进行。

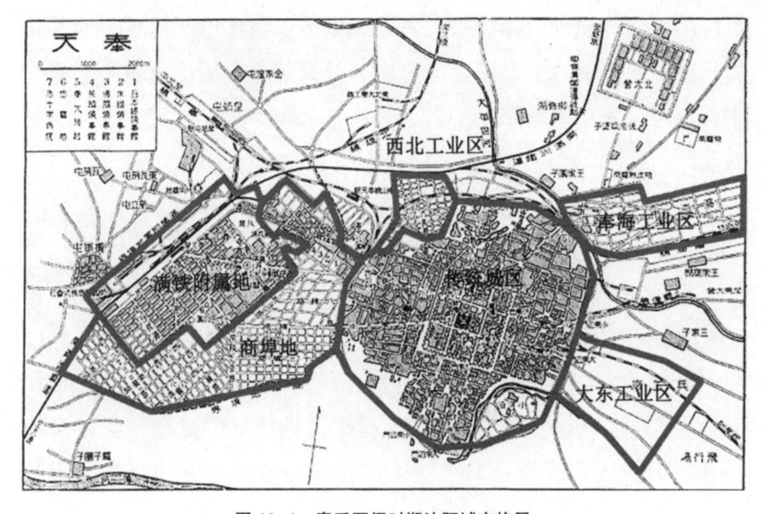

图 10–1 奉系军阀时期沈阳城市格局

10.1.2 满铁附属地的建设

这一时期与奉系军阀对峙的是日本的侵略势力。1905 年，日俄战争胜利后，日本就开始了对满铁附属地的建设。奉天满铁附属地位于盛京老城区西部，最初面积约为 5.95 平方千米。到 1926 年，总面积已经增加到 10. 44 平方千米，并继续向南扩张。奉天满铁附属地的规划采用巴洛克形式主义手法，以奉天驿（火车站）、广场（中央广场、平安广场）为星形放射的中心，以浪速通（今中山路）、千代田通（今中华路）和平安通（今民主路）为三条放射道路，在方格网内由平行、垂直、斜线三种形式道路组成了放射状网格式空间布局。整个附属地的放射主轴线垂直于南满铁路，由西北向东南方向延伸，并且将奉天附属地的视觉焦点集中在奉天驿，创造出一个以奉天驿为中心，在整个附属地中充满秩序、宏伟之感，而又错综复杂的空间体系。奉天满铁附属地内的用地划分为工业用地（铁路以西）、商业用地（铁路以东）、公共设施用地（大广场附近）、住宅与商业混合用地（南北、三角地、圆形广场）、军用地（市区北部的兵营及练兵场）等。奉天满铁附属地形成了以奉天驿为中心，以沈阳大街为横轴，以中央大街为纵轴，以矩形格网与放射形道路为骨架的棋盘格状街路网。道路交会处的圆形广场成为城区平面的中心。在广场周围修建了银行、公司、医院、邮局、警署等大型公共建筑，更加突出了城市景观的节点性和对景性。

10.2 城市园林绿地

奉系军阀统治时期，沈阳的公共园林景观伴随城市的发展也开始逐渐接近西方现代城市公园和绿化形式。这一时期的公共园林景观和公共绿地的建设主要内容有：将清代传统皇家园林对市民开放并形成城市公园、新建具有现代园林功能和景观形象的城市公园、建设各类城市公共广场、对城区主要道路和广场进行大规模的绿化。

10.2.1 开放皇家园林

沈阳的北陵公园，即清代的皇家陵寝园林——清昭陵。1927 年，被奉天政府开辟为城市公园。北陵公园位于今沈阳市皇姑区泰山路，总占地面积约为 18 万平方米。公园正式对游人开放后，奉天市政公所成立北陵公园管理处，设专门人员管理公园。北陵公园的南门为正门，公园主要是围绕昭陵古建筑群为中心来进行建设，形成陵前、陵寝、陵后三大部分。陵前是综合性游览区，陵寝部分在清代康熙年间已经完成建设，陵后是古松林。

沈阳的东陵公园，是清代的皇家陵寝园林——清福陵。1929 年，被奉天政府开放为城市郊野公园。东陵公园位于现沈阳市东陵东街，占地面积约为 19 万平方米。东陵公园开放后，由奉天市政公所依照已辟为公园的北陵，在东陵公园内设专门的管理人员。公园主要由福陵古建筑群与古松群落构成，环境清静幽雅，四季皆景，拥有优越的自然景观和人文景观。东陵公园在福陵修建之时栽植油松 5000 余株，后来经多次补植与增植，林地逐渐连成一片，这些树林经过三百多年的风霜雨雪，坚韧挺拔，苍翠参天，不仅成为与陵寝古建筑相伴的森林景观，也成为国内少有的古松林之一。

10.2.2　建设城市公园

兵工厂花园，又称“东三省兵工厂花园”，始建于 1925 年，位于沈阳市大东边门外，占地面积约为 9.9 万平方米，现为大东公园。该园专门为始建于 1921 年的东三省兵工厂的职工、家属游赏使用。公园建有东、西、北三个园门。公园建设时，特意从南方聘请有名望的园艺师，模拟杭州西湖十景建造了公园主要景观。园内栽植了从外地引进的黄金梧桐、加拿大杨、刺槐、藤萝、爬山虎、秦皮等观赏树木，并修建了露天音乐厅、球场、露天电影院和人工湖等设施，共有景点二十余处。兵工厂花园中有一处人工湖，湖中建有喷泉和两个小岛，岛上各建一座草亭，草亭的建筑形式是按照刘备三顾茅庐的典故，模拟诸葛亮居住的草舍而建造。园中的人工湖中种植荷花，并且有三处人工堆砌的石头，称为“三潭印月”。此外，花园内还建有培育金鱼的养殖场，以及梅花鹿和多种鸟类的饲养所。1931 年“九・一八”事件后，日本关东军占领了沈阳城，公园随之遭到严重破坏，园内大量土地被占用，之后又多次遭到破坏，完全失去公园面貌，直到 1984 年被重新规划建设，改称为“大东公园”。

春日公园，是日本人在奉天满铁附属地中先后修建的几个公共游园之一，也是其中最早建设的公园。在奉系军阀统治时期，日本人控制满铁附属地中较大的公共园林有：春日公园和千代田公园。春日公园于1910年建成，占地面积约为6.4万平方米，位于附属地东北部，公园平面呈正方形，园中虽有假山、凉亭等景观设施，（图10-2）但其建设的主要目的是为了宣扬日本文化。在公园的入口处设置雕塑，公园旁边是日本人在奉天建设的日本神社，春日公园可作为神社的附属园林。后来，春日公园周围区域不断被各类建筑挤压，公园用地不断被缩小，直至最后不复存在。

图10–2　春日公园景色

图10–3　千代田公园中央下沉水池

千代田公园，即今中山公园，因其位于当时城市的主干道千代田通（今沈阳中华路）南侧，故名为“千代田公园”。1919 年，日本人在满铁附属地内开辟出一块长方形的苗圃，面积约为 20.4 万平方米，作为公园的预留地。1924 年开始对千代田公园进行建设规划，将公园划分为游览区、运动区、安静休息区，并专门设有儿童活动区和动物观赏区等。1926 年公园初步建成，面积为 19.2 万平方米。公园内种有各种树木、花卉，并带有游泳池、篮球场、运动场、儿童游戏池等活动设施。整个公园采用西式的规划布局，公园入口设有开阔的圆形广场，园区中心是一处下沉式的水池，池中央建有一处喷泉雕塑（图 10-3）。公园中还建造了带有日本殖民文化色彩的忠魂碑，及其西侧的忠灵塔和鸟居神社。“九・一八”事变后，日本人曾限制中国人进入公园。抗日战争胜利后，1946 年，为纪念孙中山先生，千代田公园被改名为中山公园，并沿用至今。

除了规模较大的城市公园外，民国时期还建造了大量的小游园、儿童游园，街心花园等，但很多都被陆续占为他用。沈阳市小游园的建设始于 1911 年的满铁附属地内，由南满铁道株式会社奉天地方事务所辟建，称为“柳町游园”，占地面积约为 6983 平方米。柳町游园内种植有花草树木，并建有相扑场地及滑梯等体育活动设施，是沈阳的第一座小游园。1927 年 4 月，奉天市政公所在盛京老城区中故宫的西侧，西华门外建有一座街心游园，园内栽植油松、柳树、樱桃等树木，并种植了花卉。1928 年，奉天省商埠局又在三纬路与三经街交会的三角地建有一座游园，占地面积约为 1870 平方米，园内栽油松、旱柳、山桃等树木，并设有假山、喷泉、花坛、坐凳等设施。

10.2.3　城市广场与街道绿化

城市广场的建设是民国时期沈阳城市景观建设的重要内容。1909 年，日本人在奉天驿（今沈阳站）前修建了广场，即如今的沈阳站前广场，也是沈阳最早的城市广场（图 10-4）。

图 10-4 奉天驿站前广场

1913 年，在沈阳的中山路、南京街、北四马路的交叉路口处建成了中央广场，又称为“大广场”“浪速广场”，即今中山广场。最初中央广场中心树有一根汉白玉柱，柱上雕刻了日本侵华的纪念日，后被国民政府清除。当时的中央广场中种有灌木、花草及绿篱等植物（图 10-5）。1922 年又建成了平安广场（今民主广场，图 10-6）。平安广场位于今沈阳民主路、太原南街的交叉路口处，因民主路在民国时期被称为“平安通”，所以该广场在当时称为“平安广场”。平安广场是一处圆形的交通广场，周边有围栏，内部种有油松、桧柏等植物。与平安广场功能相似的还有 1924 年修建的惠工广场，位于奉天惠工工业区内，面积约为 1.8 万平方米，广场内栽种了柳树、杨树、槭树、榆树、山杏等 445 株。由于京奉铁路的修建，1911 年在原奉天小西边门外的空地（今市府大路北侧）设置了京奉新站，并形成站前广场，面积约为 5.7 万平方米，是当时沈阳面积最大的城市广场。1926 年，该广场与惠工广场以惠工街连通，并逐渐发展成为今天的沈阳市政府广场。

沈阳城区的街道绿化行动始于清末年间。从 1906 年起，盛京将军赵尔巽开始建立苗圃和试验场，培育街道绿化所需的树苗。至 1908 年，奉天种树公所等专门种植树木的机构得以成立。1910 年，满铁附属地内首先展开街道绿化工作，当时的铁路大街（今胜利大

图 10-5　中央大广场（今中山广场）鸟瞰

图 10-6　平安广场（今民主广场）

街）、平安通（今民主路）、中央大街（今南京街）、昭德大街（今中山路）等主要街道，先后种植了杨树、柳树等行道树。1922 年，奉天政府在商埠区和满铁附属地交界处的国际马路（今和平大街）上栽种了株距 5 米的行道树 1300 余株，作为二者的明显边界，同时也起到了美化街道环境的作用。随后，商埠区内的其他街道也开始进行绿化建设。与商埠区同期，盛京城的老城区也对其宽度在 10 米以上的街道进行株距 7 米的绿化种植。至 1932 年，奉天的盛京老城区、商埠区、新兴的惠工工业区和大东工业区内进行了大规模的街道绿化，共种植杨树、柳树、榆树、枫树等两万余株。从此，奉天的街道内也有了行道树，但由于养护和管理工作不到位，很多行道树都未能存活，尽管政府不断补种，但行道树的数量依然逐年减少，存活数量较少。

10.3 私家宅邸园林

在奉系军阀统治时期，以张氏家族为首的奉系军阀上层人物，大多在沈阳建设了自己的豪华府邸，而且多附建有花园。这些府邸园林的景观形象，有的采用了中国传统的园林风格与形式，有的采用中西混搭的景观，也有的府邸园林完全西化，洋气十足。这一时期沈阳的私家宅邸园林形象丰富，显现出深受西方文化影响的园林特征与时代特点。

10.3.1 传统风格的府邸花园

张氏帅府花园是奉系军阀统治时期的主要政治代表人物张作霖和张学良父子的府邸园林。他们的府邸——张氏帅府也是当时沈阳最大的官邸和私宅，又称“大帅府”“少帅府”。始建于1914年，位于沈阳老城区的大南门内，总占地面积约3.6万平方米，由东、中、西三个院落和院外建筑四个部分组成。东院的主要建筑是带有欧式风情的大青楼、小青楼，以及帅府花园；中院是具有中国传统四合院风格的三进院落；西院为红楼建筑群，院外有赵一荻故居、边业银行（今沈阳金融博物馆）等建筑。其中，东院的花园是张氏帅府的主要园林景观，被称为“帅府花园”。

帅府花园中心的小青楼被称为“园中花厅”，建成于1918年，是一座以青砖筑成的二层小楼。在这座小青楼上可以俯瞰整个帅府花园美景，颇具西式园林特点。小青楼的北面是大青楼，两楼之间以假山石堆叠的拱门相通，石头上垂有攀援植物，石门周围种有高大的乔木，增加了大青楼的精细雅致之感。帅府花园的南部建有假山（图10-7）和荷花池，院落东南角的假山之上建有一座封闭的单檐六角凉亭，可在亭中观赏花园内的景致。此外，张氏帅府内还有气势雄浑的影壁和大量的石雕、木雕、砖雕、壁画、彩绘等装饰小品，样式精美，具有浓郁的中国北方民俗风情。

图 10-7　张氏帅府花园中的假山

王维宙（1884–1955 年）又名王树翰，是清代末年的举人，曾担任奉天财政厅长等要职，是张学良的幕僚。王维宙公馆又称“十六号公馆”，是 1894 年由清代一位康姓举人修建，“九·一八”事变前转卖给王维宙。公馆位于沈河区大南街般若寺巷，坐北朝南，由两部分组成。北部是一座二层的青砖小洋楼（名为凰楼，与已经拆除的凤楼并称“凤凰楼”）。凰楼室外装饰有木雕垂苏，十分精美讲究。凰楼南部是一处典型的北方四合院（图 10-8），这是沈阳历史最为悠久的一处四合院。据资料记载，这处宅院的格局宽阔疏朗，庭园中设有荷花缸、观景水池、小桥等景观，并以彩砖铺设甬路，与满院的花草、扶疏林木，共同构成了清新典雅的意境。

图 10–8　王维宙公馆内庭院

10.3.2 西化的私家园林

杨宇霆（1885–1929 年）是奉系军阀首领之一，是张作霖的重要下属。杨宇霆公馆始建于民国初期，占地面积约为 4913 平方米，由主楼和四合院组成（图 10-9）。公馆的主楼为地下一层，地上两层由西式砖混结构建筑，主楼的西部建有一座椭圆形的敞厅，并与主楼相通（图 10-10）。四合院位于主楼的南部，院中四围建筑带有柱廊，柱廊的檩枋间绘有艳丽的彩画，廊下地面铺装为铺花釉面砖。从以前的老照片中可以看到，杨宇霆公馆的庭院偏西化，明显受到西方规则式园林影响。院中央有假山石和水池，水池中有一座汉白玉雕的莲花喷泉，院落的四周有石头堆砌的树池，池中种有高大的庭荫树。

图 10–9　杨宇霆公馆四合院内景

图 10–10　杨宇霆公馆主楼

王明宇（1883–1935 年）曾任东三省交涉总署署长等职务，是奉系军阀中的重要人物。王明宇公馆始建于 1925 年，位于今大东区如意五路，现为沈阳市大东区图书馆。公馆坐北朝南，占地面积约 5190 平方米，建筑面积 3260 平方米。其主要由围墙、门房、主楼、厢楼、花园组成。王明宇公馆的主楼和厢楼均为二层砖木结构日式小楼，平面呈器字形，建筑内凹处正是公馆的花园（图 10-11）。花园的面积不大，但是布局紧凑、风格雅致。花园中布置有假山石、水池、廊架，铺设有花间小径等，园中的乔木、灌木、花卉、地被植物等景观层次丰富，营造出曲径通幽的幽静氛围，与建筑相映成趣。

图 10–11　王明宇公馆鸟瞰

汤玉麟（1871–1949 年）是张作霖拜把兄弟，曾任奉天 53 旅旅长。汤玉麟公馆位于和平区十纬路，中华人民共和国成立后曾经是辽宁省博物馆的旧址，始建于 1930 年，于 1934 年竣工。公馆周边有三米高的围墙，建筑面积约 3800 平方米，主建筑为地下一层、地上三层的砖混结构洋楼，平面呈凸字形。汤玉麟公馆主楼前中央为圆形花坛（图 10-12），围绕花坛对称分布四个岛状花坛，主楼前两侧为对称的矩形花坛。花坛中均覆有地被植物，地被上栽有灌木球和小乔木，花坛周边为规则式剪型绿篱。汤玉麟虽未在此居住过，但其公馆十分豪华气派。

图 10–12　汤玉麟公馆楼前花园

10.4　园林建设特点

民国奉系军阀时期，沈阳的城市建设和园林绿地建设，明显受到了西方城市规划理念和景观建设思想的影响，且有着西方近代城市公园的影子。西风东渐影响下的沈阳园林景观，既有对中国传统园林景观的推崇（如兵工厂花园对西湖风景的模拟），也有完全西方化的园林景观形象（如满铁附属地的千代田公园、巴洛克风格的官员宅邸花园等）。而开放皇家园林作为城市公园，也反映出西方民权思想对沈阳这个古老城市的影响，具体体现在以下两个方面：

10.4.1　西方景观形象被人们接受

奉系军阀统治时期新建的城市公园，大多采用西方公共园林的规划理念和方法，以迎合新政理念和民众的使用需要。因而，西式的草坪、花坛、雕塑等形象常常用于这一时期城市公共园林的景观营造，也是这个时期新式园林的代表形象。而一些接受过西式教育的人也往往将西式园林作为自己的私家园林景观。由此可见，西化的园林景观已经被人们普遍接受，并受到一定的鼓励。

10.4.2　中式园林仍受到推崇

作为历史悠久的中国古典园林景观与形象，中式园林在这一时期仍然受到推崇，并在奉系军阀统辖的城市公园建设中得以体现。

如兵工厂花园、张氏帅府等新建园林，就是这一时期中式园林的代表。在沈阳早些时候建设的万泉公园、奉天公园中，主要的园林景观形象也是采用传统的中式园林形象或园林意境，体现着盛京古城的文化面貌和古老风韵。尽管西式园林挟西方列强之力汹涌到来，但在奉系军阀统治下的沈阳，中式传统园林仍然受到许多上层人士的推崇。

10.5　小结

近代的沈阳城在奉系军阀统治时期，城市园林景观建设主要表现为公园数量的增加和观赏内容的丰富。盛京城区内的皇家宫苑、清昭陵和清福陵对外开放，成为如今的沈阳故宫博物院、北陵公园和东陵公园，并新建了东三省兵工厂公园。而清末建设的小河沿公园（现万泉公园）、奉天公园以及日本侵占地（满铁附属地）的春日公园、千代田公园继续丰富完善，形成了近代沈阳城市公园体系。小游园、街边绿地和城市广场在这一时期得到大量建设，如以柳町小游园为代表的若干街心花园和小游园，以中央广场（现中山广场）、平安广场、惠工广场等广场为代表的城市绿地广场，以及城市主要街道的沿街绿化建设等。与此同时，大量私宅府邸园林也在修建，如张氏帅府、王明宇公馆、杨宇霆公馆、王维宙公馆、汤玉麟公馆等私家园林，景观风格形象各异，为古老城市增添了新的园林风格和形象。这个时期的沈阳，城市园林景观逐渐丰富，城市面貌发生了巨大的改变，清代盛京老城的传统景观风貌逐渐转变为现代城市形态与城市形象。

第 11 章　伪满洲国统治时期的城市与园林

沈阳的伪满洲国统治时期（1932-1945 年）是指日本侵略者全面占据东北后，直至 1945 年日本政府无条件投降的时期。在 1931 年的“九・一八”事变后，日本人取代奉系军阀的统治，对沈阳开始了以占据掠夺为核心的城市建设。1932 年，中国东北地区在日本政府的操控下成立了伪满洲国，沈阳的城市管辖权也由之前的奉系军阀与日本侵略势力的对峙并存，转变为日本侵略势力占据主导地位的局面。日本人为了进一步吞并中国，增强其在东南亚的侵略扩张能力，而将中国的东北地区作为其后方的原料基地和军需物资供应基地，对东北地区的主要城市进行了城市规划与建设，将沈阳作为工业基地来进行建设。此时期的沈阳城市面貌也因此被彻底改变。

11.1　城市建设背景

“九・一八”事变后，沈阳沦陷，整个城市的规划与建设被日本人全面掌控，奉天满铁附属地与原民国奉天军阀管辖地的界限已不存在。日本开始对原附属地进行无限制的扩张，逐渐向铁西区延伸，直至 1945 年日本投降，原奉天满铁附属地已建有街道 102 条（图 11-1）。

11.1.1　建立大工业区

1933 年，伪满洲国政府颁布《满洲经济建设纲要》，确定了奉天的东、西两大工业区。东工业区在奉海站至兵工厂一带，西工业区位于南满铁路以西，即现在的铁西工业区（图 11-1）。当时拟定铁西工业区的范围是：东起安福街（现第二纺织厂西侧马路），西至嘉应街（现兴华大街），南起南五马路（现建设大路），北至中央路（现北三马路）。当时的铁西区内共建有 46 家工厂，总面积约为 3.12 平方千米。1934 年 11 月，日本开始在铁西区规划建设道路，道路采用放射状与方格网状相结合的形式，东西为路，南北称街，实际上铁西区的路网是原奉天满铁附属地路网的延伸和扩建。铁西区街道比较规整，采用现代城市功能分区的规划手法进行建设，形成了南宅北厂的空间布局。南、北区之间通过宽阔的南五马路进行划分，北部为工业用地，南部为居住用地，中部为公共设施用地。1937 年 10 月，铁西区实际面积已达 17.136 平方千米。1939 年，铁西区已有纵横交错的主要街道 35 条，区域面积已达到最初规划面积的 5 倍之多，位居沈阳市内其他各区之首，成为东北最大的工业基地。

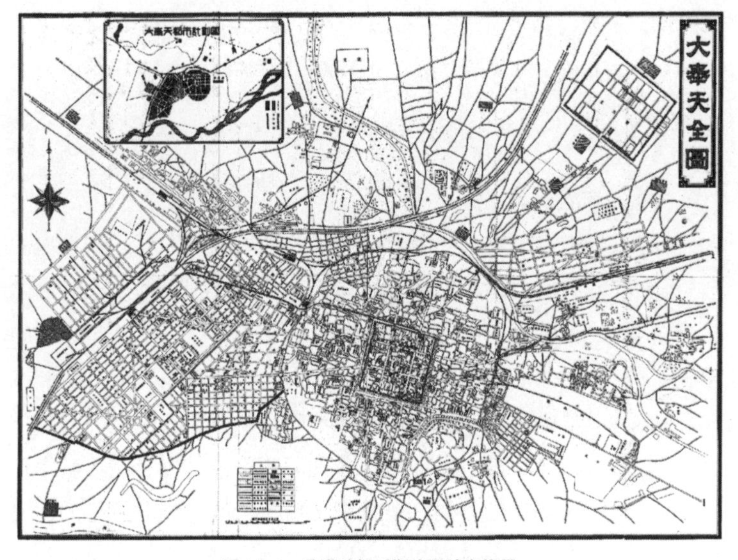

图 11-1　伪满政权时期沈阳城市格局

11.1.2 制定现代城市规划方案

1938 年 2 月，由伪满洲国政府、南满洲铁道株式会社和日军三方共同编制完成《奉天都邑计划》。该计划的规划期为十五年（1938–1953 年），确定了沈阳市的区域范围：以小西边门为中心，东至东陵，约 15.3 千米；西至李官堡西，约 12.7 千米；南至奉抚线，约 9.5 千米；北至北陵北部，约 7.9 千米。《奉天都邑计划》规划了用地种类及面积，明确了铁路线的位置及道路种类，规划了公共用地和民用地，扩大了满铁附属地的范围。《奉天都邑计划》借鉴了西方田园城市理论，将沈阳的道路系统划分为与周边城市相连的放射型干道、环状干道，以及连接车站、货场等联络干道，并按照西方城市建设的功能分区理论，对沈阳城市公共设施、公园绿地、居住区、商业区、工业区做出了明确的安排。在详细规划工业区的同时，也加强了市政设施和公共设施用地的建设，如对学校、公园、市场医院等进行了详细的布局规划，在建成区外围设置环状绿带，在浑河北岸规划大面积绿地等。同时，计划中对近期内无法确定性质的用地予以保留。此外，《奉天都邑计划》除了对沈阳原有的城市空间板块进行了功能分区外，第一次体现了与抚顺等周边地区协同发展的区域规划理念。

11.2 《奉天都邑计划》

伪满政权统治时期（1932-1945 年），奉天的商埠区、盛京城的老城区和满铁附属地的界限都已被消除，并归入到日本人的统治之下，沈阳的城市建设也开始在日本人的主导下进行。1938 年完成的《奉天都邑计划》，对沈阳城进行了整体而全面的规划，随后依照该规划方案，对沈阳进行了大规模的城市建设和改造，这次的规划与改造，对城市格局和城市绿地的构成发展产生了重要影响，基本形成了与今日沈阳相近的格局。若根据《奉天都邑计划》进行的建设能够完成，那么，伪满时期沈阳的城市公园和城市广场的格局与构成，也算得上是同时代的中国城市中比较丰富和系统化的。

11.2.1　计划的编制

《奉天都邑计划》是指 1938 年 2 月奉天市工务处都邑计划科编制的从 1938 年至 1953 年这 15 年间奉天市的规划建设。《奉天都邑计划》中规划总区域的范围北至约 7.9 千米处的北陵北部、南到约 9.5 千米处的奉抚线、西至约 12.7 千米处的李官堡西、东至约 15.3 千米处的东陵，总面积达到 400 平方千米。其中，市区面积达到 192 平方千米（包括旧城、旧商埠地等地），实际建设面积为 132 平方千米。市街规划区域外设立宽约 1 千米至 7 千米的环状地带作为绿化带加以保护。《奉天都邑计划》从平面规划和立体规划两个层次进行，规划的内容包括居住用地（面积为 69.5 平方千米）、商业用地（面积 27.1 平方千米）、工业用地（面积 24.9 平方千米）、城市绿地（面积 16.5 平方千米）及其他用地（面积 11.2 平方千米）五个部分，建设设施包括铁路、道路、广场、医院、学校等，试图将沈阳通过规划和建设成为更适合人类居住的城市。

11.2.2　涉及的城市绿地

《奉天都邑计划》中的公共用地部分重点规划了当时的奉天城市园林景观和城市绿化的内容。在公共用地的规划中，除将北陵、东陵、万泉、塔湾四大公园作为开辟和建设的主要城市公园外，还建设了长沼湖公园、砂山公园、碧塘公园、百鸟公园等 21 处公园，以及 11 处儿童游园，如葵町、若松、红梅等。小游园与城市绿地分布于浑河、新开河等地，并计划在北陵、东陵、塔湾等地方建设苗圃，在浑河岸边种植防护林，在城市中设立综合运动场和娱乐场。在《奉天都邑计划》中规划的大、小城市公园共有 50 多处，结合运动场、娱乐场等城市绿地，总面积约 43 平方千米。此外，《奉天都邑计划》中还设置了奉天火车站前广场、小西边门中心广场、东大营南广场，以及位于其他各个区域的大型城市广场，并且在主要道路交叉口处设置了若干圆形交通广场，广场总用地面积达到约 3.51 万平方米。按照《奉天都邑计划》建设的城市公共绿地主要位于南运河与新开河两岸、市郊和建成区部分，中心城区的公共绿地除了在满铁附属地及商埠地建有一些之外，其他区域的公园绿地面积都较少。

11.2.3 历史影响

从客观的角度评价，《奉天都邑计划》在城市规划史上具有先进意义，是沈阳历史上第一部完整而系统的城市规划方案，结合了西方城市规划的理念，借鉴了“田园城市”的部分规划思想，整合了沈阳在民国初期建设的各个较为零碎的区域，促进了沈阳的盛京老城区、商埠地、满铁附属地的协调发展。在城市公共绿地建设方面，规划设计并建设了沈阳的城市公园与城市广场，构建了近代沈阳的城市绿地系统，颇有利于沈阳城市园林景观环境的建设与发展，甚至对当代沈阳的城市建设也形成了相当大的影响，具有一定的时代意义。但是，作为日本对其占据城市的规划，《奉天都邑计划》还是将经济发展和文化的建设置于城市发展的首位，城市中的很多公园和绿地只是为了满足日本人的休闲娱乐，并未惠及至广大中国市民，而且规划中的很多城市公园与绿地并未实际建成（图 11-2，图 11-3）。

图 11-2　春日公园内游乐设施

图 11–3　春日公园雕塑

《奉天都邑计划》虽是依照当时先进的城市规划理念进行制定的，但也是一部带有浓厚剥削和侵略主义色彩的规划方案，没有考虑中国居民生活状况的城市建设对沈阳城市结构产生了极大影响，并且没能充分考虑到未来城市绿地的均衡布局和发展趋势，导致在相当长的一段时间里沈阳城区内公共绿地分布极不均匀。

11.3　公园与城市广场

伪满时期，日伪统治者为了粉饰太平，彰显其统治下的“王道乐土”，对沈阳城市公共园林绿地的建设十分重视。依照《奉天都邑计划》，规划预留出一系列城市公共绿地作为城市的公园和公共广场用地，既用于公众的休闲游憩场地，同时也担负着城市交通、水源保护等功能。

11.3.1　城市公园情况

长沼湖公园，即今沈阳南湖公园。始建于 1938 年，位于和平区南部，占地面积约 52 万平方米，当时是作为沈阳的郊野公园规划建设的。长沼湖公园在 1940 年得以扩建，成为市民休闲娱乐的主要场所。公园中的水面占地面积约为 12 万平方米，水面上有小桥、游船、亭子、石块等景观设施，公园中植有绿地、树木和花卉等植物景观。此外，公园中还建有运动场、植物园、动物园、各种小游园等，并且还有冬季可滑冰、夏季可戏水纳凉的浴场，游乐设施丰富，林木与湖泊结合的自然风光显得优美宜人（图 11-4）。

图 11-4 沈阳南湖公园景色（原长沼湖公园）

百鸟公园，位于皇姑区崇山路与怒江街交叉口的东南侧，最初是某位乡绅的私家樱桃园，总面积约为 11.8 万平方米。1938 年被征用为水源地，在公园内种植了大量树木，建成后以其工程负责人的名字命名为“白鸟园”，后又改称“百鸟园”。整个伪满洲国统治时期，百鸟公园的形貌是种有丰富植物的水源保护地，直至 1989 年，才在公园内新建了柏油环路、甬道、动物饲养所、游艺场、儿童乐园等设施，并设有雕塑、假山等景观，以及五座园内建筑，成为真正意义上的城市公园。

南嘉应公园，即今兴华公园，始建于 1939 年，位于铁西区兴华南街附近，面积不大，约为 9000 平方米。公园内建有花卉温室、舞厅、儿童游乐园、鱼窖等。公园中的主要景观是一座占地面积近 400 平方米、高 8 米的大型假山，还建设了喷泉、凉亭等景观小品。

公园内的植物景观优美茂盛，十分吸引游人。

近江公园，即今鲁迅儿童公园，始建于 1939 年，位于沈河区西滨河路附近，面积约为 43000 平方米，园内以植物景观为主，树木葱绿繁茂。公园又称“锦江公园”，中华人民共和国成立后更名为“鲁迅儿童公园”，并沿用至今。公园中有一方人工湖泊，湖边建有凉亭，公园内还用挖湖之土石人工堆起山丘地形，上面种满各种植物。园中的植物有松树、银杏等观赏树木，园墙外原有两棵枝繁叶茂的古槐树，十分有名，当年也是该公园的著名植物景观。作为儿童公园，园中还设有很多滑梯、秋千等儿童游乐设施。

除了上述介绍的公园外，伪满时期的沈阳还建设有碧塘公园、应昌公园（今康乐公园）、砂山公园等城市公园绿地，使得当时的城市公共绿地面积不断增多。

11.3.2　城市广场

从民国奉系军阀时期开始，城市广场的建设至中华人民共和国成立前为止，随着城市的扩张与发展，沈阳已有广场共 10 处，面积约为 3.51 万平方米。在清末至民国奉系军阀张氏父子当政时期，已建成并使用的城市广场有：中央广场（今中山广场）、平安广场（今民主广场）、惠工广场、京奉新站前广场（今市府广场）等。

伪满政权接管沈阳后，沈阳又被改称为“奉天”。伪奉天市政府也主持建设了一些城市广场，如始建于 1932 年的朝日广场（今沈阳和平广场，图 11-5），位于沈阳市和平区和平大街与民主路、新华路的交会处；1935 年建成的铁西广场（图 11-6），位于沈阳市铁西区兴华南街和建设中路附近等。其中，铁西广场是作为当时日本工业基地的城市中心来进行建设的，占地面积为 1.43 万平方米，周围环绕着当年重要的金融机构、警察署等建筑物，是铁西地区的行政、金融和商业中心区。此外，沈阳的大东广场、新华广场等，也都是 20 世纪 30 年代建成的老广场。

图 11-5　沈阳和平广场（原朝日广场）

图 11-6　摄于 1937 年的铁西广场

11.4　建设特点与影响

伪满政权统治时期的沈阳，被日本控制者将其作为新兴的工业和战略基地，从而被动地进行了城市现代化的建设与改造，成为日本帝国主义进行侵略、扩张，吞并中国内陆和东南亚地区的后方工业支撑，《奉天都邑计划》的形成就是为了这一目的。这个时期沈阳的城市建设，在城市性质的确立、城市的用地功能划分、城市公共园林绿地的构成等方面，完全照搬西方的城市规划建设思想，模仿西方的城市和园林形象，改变了沈阳原有的古城风貌和城市形态。

11.4.1　被动的现代城市建设

伪满时期制定的《奉天都邑计划》在规划思想上是先进的，但其服务的对象却是日本侵略者，是为其吞并中国和侵略亚洲其他国家而服务的，这就决定了其规划建设并不在意对原有的盛京古城的保护。这一时期，城市中建设了多条道路和各种广场，新式建筑拔地而起，宽阔的城市主干道穿越城墙，沈阳古城原有的外圆内方城市格局和形态被完全破坏。在园林绿地建设方面，虽建成了一些如千代田公园（图 11-7，图 11-8）等大型公共绿地，但风格完全是西方化的，看不到中国特色和古典景观。而原有的一些中式园林，也多变得面目全非。盛京古城的传统城市面貌逐渐被蚕食，消失殆尽。

图 11-7　千代田公园内西式水池

图 11-8　千代田公园内的忠魂碑

11.4.2　对沈阳城市绿地系统的形成产生重要影响

《奉天都邑计划》中所制定的存在于城市规划层面的城市绿地系统的构建，对沈阳的城市用地范围、城市绿地分布与城市形态所产生的影响十分巨大。从数量上看，这一时期的城市公共绿地大大超越以往，主要表现在依据现代城市要求而建设和预留的各类城市公共绿地，构成了相对丰富而完整的城市绿地系统。由城市公园、小游园、公共游憩广场、城市公共防护和隔离绿地、城市建设预留地等形成的城市公共绿地系统在《奉天都邑计划》中都得以体现，并在其后的几年间进行了部分建设，包括长沼湖公园、百鸟公园、碧塘公园等城市公园，葵町、若松、红梅等儿童游园或小游园，以及朝日广场、铁西广场等城市广场，并且在一定程度上综合考虑了浑河、新开河沿岸的植物绿化和相关绿地建设。这一城市绿地系统的构成对后来沈阳的城市格局和城市绿地建设影响极大，并在一定程度上形成了当代沈阳城市绿地系统的建设基础。如今沈阳的南湖公园、南运河带状公园等部分城市公共绿地，就是在这个时期形成的（表 11-1）。

近代沈阳主要的城市公园与广场　　　　表 11–1

名称（今名）	建园时间	区域位置	面积（hm^2）	建设内容
小河沿公园（今万泉公园）	1885 年	奉天小河沿一带	3.3	桥、亭、馆、游船等
奉天公园（今消失）	1907 年	奉天小西门外	3.9	桥、亭、水池、假山等
北陵公园	1927 年	沈阳市皇姑区	18	清昭陵、现代游乐设施等
东陵公园	1929 年	沈阳市东陵东街	19.4	清福陵、现代游乐设施等
春日公园（已消失）	1910 年	满铁附属地东北部	6.4	亭、假山、儿童活动室等
千代田公园（今中山公园）	1924 年	沈阳中华路南侧	20.4	水池、雕塑、游泳池等
东三省兵工厂花园（今大东公园）	1925 年	奉天大东边门外	9.9	音乐厅、电影院、人工湖等
长沼湖公园（今南湖公园）	1938 年	沈阳市和平区南部	52	水面、桥、亭、动物园等
百鸟公园	1938 年	沈阳皇姑区崇山路	11.8	水源地、后建雕塑、假山等
南嘉应公园（今兴华公园）	1939 年	沈阳铁西区兴华街	0.9	温室、假山、喷泉、凉亭等
近江公园（今鲁迅儿童公园）	1939 年	沈河区西滨河路	4.3	人工湖、土丘、滑梯等

续表

名称（今名）	建园时间	区域位置	面积(hm^2)	建设内容
碧塘公园	1939 年	沈阳市长江街	9.2	亭、植物、动物等
中央广场（今中山广场）	1913 年	沈阳和平区中山路	2.0	灌木、花草、绿篱、柱子等
平安广场（今民主广场）	1922 年	沈阳和平区民主路	0.1	围栏、油松、桧柏等植物
惠工广场	1924 年	沈阳沈河区惠工街	1.8	柳树、杨树、槭树等植物
京奉新站前广场（今市府广场）	1911 年	沈阳市府大路北侧	5.7	植物、硬地、座椅
朝日广场（今和平广场）	1932 年	和平区和平大街	1.3	植物、硬地、围栏等
铁西广场	1935 年	沈阳市铁西工业区	1.4	围栏、植物等

11.5　小结

伪满政权统治时期，沈阳的城市用地规划和园林绿地建设受到日本侵略者的控制，对城市用地范围、城市功能分布与城市形态所产生的影响十分巨大。这个时期沈阳的城市园林绿地所承载功能虽由简单变得丰富，但仍然粗糙，难成体系，且有明显的拼接感，公园建设只局限在日伪政府驻地附近和日本人居住区内，公共园林景观形象日化、西方化，更多用于满足侵略者政治宣传的目的。这一时期的城市建设对沈阳的城市结构、城市文化产生了巨大影响，同时也对盛京古城造成了相当大的破坏。

第 12 章 《奉天都邑计划》与近代沈阳的城市公共园林

近代沈阳的城市建设一直走在同时期中国城市的前列，公园绿地的建设也属于比较前卫的。沈阳市内第一座城市公园出现在 1885 年，名为“也园”，后改名为“万泉公园”，由中国人自己建造，这是沈阳人在近代城市公共园林建设方面所做出的较早期的实践探索。

近代沈阳公园绿地的迅速发展，除了西方城市建设理念的传入和日俄占领地建设的原因外，还有很多其他因素。西方列强的到来迫使清政府对已有制度作出变革，清晚期的新政促使沈阳城市建设产生了新变化，出现了由沈阳地方政府组织修建的奉天公园（建于 1907 年），这在全国同期建设的城市公园中属于较早完成的。随之，日本人在沈阳满铁附属地内建设了春日公园（1910 年）与千代田公园（1919 年），民国奉系军阀时期又开放了清福陵和清昭陵作为城市的综合性公园，并新建了一批街道及小游园。清末民初，城市公园的出现改变了封建社会时期园林只为少数贵族、富人服务的性质，在一定程度上缓解了普通民众对休闲游览的需求。

12.1 本土公园与侵占地公园

近代沈阳的城市建设由两方面力量促成：一方面是包含了由地方政府主导、以传统城市为中心，不断向外拓展的自主城市建设；另一方面是在侵占势力统治下进行的城市建设。沈阳近代城市形态格局是典型的拼凑型板块式结构：一是沈阳内方外圆两重城区，和由四条主要道路分隔而成的九宫格空间体系，此板块为老城区板块；

二是在 1905 年日俄战争后，由日本人占据并建成的南满铁道附属地板块；三是在老城区和满铁附属地之间呈曲折状、南北向狭长的“商埠地”板块；四是在老城区的东北部形成的奉海新市区板块；五是在老城区西北部形成的惠工工业区板块；六是在老城区东南部形成大东工业区板块；七是伪满洲国统治时期由日本人建设发展的铁西工业区板块等。这些城市板块因历史原因由不同的势力建成，没有形成统一协调的城市总体规划格局。

沈阳近代的城市公园则大多分布在板块的交界处。其中，春日公园和千代田公园是日本人在近代城市公园理论基础上建设在满铁附属地内的城市公园，与满铁附属地内的城市环境相对融合。而奉天公园位于商埠地和西北工业区板块间，万泉公园位于老城板块边缘，长沼湖公园位于满铁附属地、商埠地板块间。分析其分布原因：一是因为板块之间不是各区域城市发展的重点，易留有大面积空地，开发为公园占地费用低，便于建设改造为城市公园；二是因为板块之间的城市公园容易形成天然的隔离带，界限清晰；三是最大化为市民服务，吸引多个板块的市民，能够集聚更多使用人群（图 12-1）。可以说，近代沈阳城市形态的构成也影响到了公园绿地分布，为今日的沈阳市绿地系统格局奠定了基础。

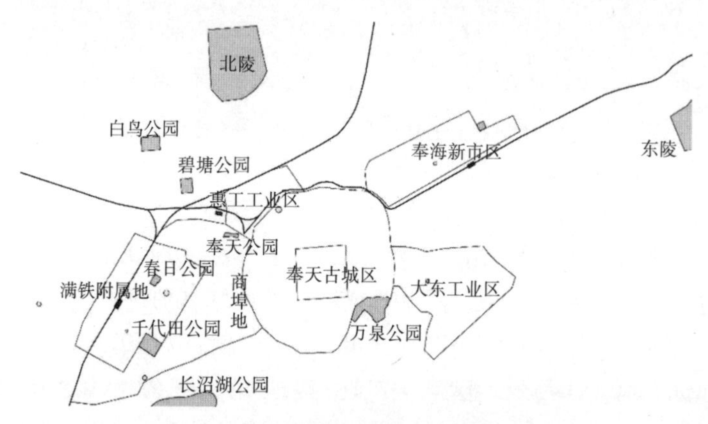

图 12-1　近代沈阳的板块结构与主要公园分布示意

中国的城市多是遵循方格状和棋盘式路网的规整布局，沈阳的内城也是如此，外城则是相对规则的圆形。在这样严格的空间体制界定下，古代城市的公共园林有的是利用城市水系的一部分而成景，有的是借城中寺观、祠堂、纪念性建筑等旧址或名迹，稍加园林化开辟而成。总之，形态上更多的呈现“宛自天成”、“景到随机”的自然态势，较少从城市整体布局考虑并预先规划。

近代沈阳市的公共园林发展初期，公园建设择址多选用依山傍水、风景优美的地方，如万泉公园、北陵公园、东陵公园等，建设起来相对方便，或选用交通便利紧邻市区的地方，如小西边门外的奉天公园，这些公园的建设在当时并未考虑到未来整体的城市绿地体系发展，建成的位置也十分分散，但依然影响着如今沈阳的城市绿地系统的布局。

近代开埠以来，日本侵略者按照西方现代城市的模式对满铁附属地展开了大范围的市政建设，满铁附属地的空间呈现西方特色的辐射状道路、圆形的大广场等，这些充满西方现代风格的设计同时带动了周边区块用地性质的划分，以及建筑风貌的确立和广场、公园等相应配套的建造。如此完全仿造西方近代城市模式的规划设计，大大改变了沈阳市旧有的城市肌理。满铁附属地内由日本人修建的几个公园与附属地内的市街结合，符合当时西方近代城市公园的建设标准。但因附属地内城区较小，并没能形成一套完整的城市绿地体系。

12.2 公共绿地系统

“九・一八”事变后，沈阳的城市规划与建设被日本人全面掌控，奉天满铁附属地与原民国政府管辖地的界限已不存在。日本人为了能够在中国东北进行长久的统治，出台了一系列主要城市的规划建设方案，这其中就包括《奉天都邑计划》。该计划对沈阳市的城市绿地进行了系统的规划，采用西方近代城市规划中所使用的功能分区理论，模仿日本大阪模式（城市功能），对沈阳的城市公共设施、公园绿地、居住区、商业区、工业区等进行了明确的规划设计，对学校、公园、市场、医院等进行了详细的布局规划，并在已建成区外围设置环状绿带，并在沈阳的浑河北岸规划出大面积绿地。在《奉天都邑计划》中，加入了田园城市的一些理论，以当时满铁附属地的春日公园、千代田公园和奉天国际运动场为绿化核心，以中央大广场、平安广场、朝日广场和火车站前广场为空间标志，以放射形街道及其绿化和许多小型三角绿地互为补充，形成了一个完整的公共空间体系。这是一套相对完整的公园系统，对城市建设的科学化及传统城市空间形态的近代转型产生了决定性的影响。

沈阳南运河带状公园体系就是在那时提出的，考虑到当时沈阳市几个公园串联的可能性，以及未来南运河的形态和现状，并对规划实施提出了可行性建议，还绘制规划图纸（图 12-2）。当时便提出在城区南部开凿运河，运河沿岸与公园绿地相连，并对附近土地用途做出相应变动，形成南运河带状公园体系，这在当时的规划中更多是为了防洪泄洪、美化环境、净化空气、调节气候而规划的。

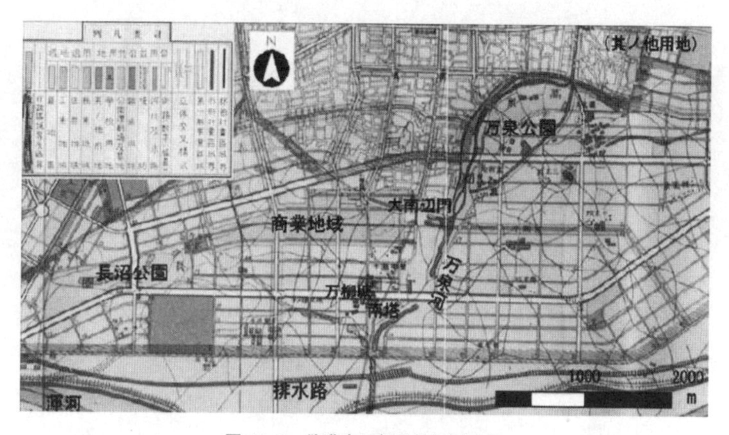

图 12–2　伪满奉天都邑计划图局部

《奉天都邑计划》对小河沿地区和万泉河周边丰富的水域空间非常重视，计划通过公园道路作为公园系统的骨架以连接水系沿岸的绿地，人们可以在水系两岸的绿地公园内行走。20 世纪 30 年代末到 20 世纪 40 年代初，战争局势愈演愈烈，伪满当局和日本政府疲于应对中国人民的顽强反抗，导致公园建设经费极其有限，仅能对部分已有公园进行简单的维护和修整，而《奉天都邑计划》中所规划的公园绿地大多在最终未能付诸实施。

中华人民共和国成立后，沈阳的城市建设开始如火如荼地展开，沈阳市南运河带状公园的建设部分沿用了当年所规划的公园体系，并于1952年开始了疏浚、贯通和挖掘的工作（图12-3），共清竣河道17千米。在此之后，南运河带状公园经过60余年的不断发展与更新，终于形成了沈阳城市绿化系统中不可或缺的重要组成部分。经过几十年的建设，形成了相当规模的城市绿地系统，这些绿地在沈阳市区中发挥着辅助功能和多种作用（图12-4）。

图12-3　1952年南运河改建施工队伍

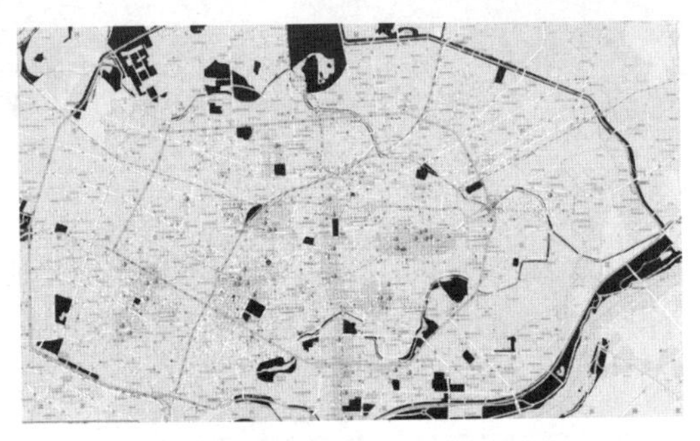

图12-4　沈阳城市建成区的绿地分布

12.3 城市公园与休闲绿地

12.3.1 长沼湖公园

长沼湖公园即今南湖公园，始建于 1938 年。1940 年长沼湖公园扩建，成为市民休闲娱乐的主要场所。公园中的水面占地面积约为 12 万平方米，水面上设有小桥、游船、亭子等景观设施，还建有运动场、植物园、动物园、各种小游园等，游乐设施丰富，林木与湖泊结合的自然风光显得优美宜人（图 12-5）。

抗战结束后，国民党接管了长沼湖公园，1946 年改称“南湖公园”。在此期间，南湖公园遭到了严重的破坏，已全无公园样貌，甚至成为国民党屠杀爱国义士的刑场。直到中华人民共和国成立后的 1955 年，沈阳市开展新一轮城市建设，南湖公园才被重新规划建设，逐渐成为如今的样貌。

图 12-5 长沼湖风景

12.3.2 百鸟公园

百鸟公园面积约为 11.8 万平方米，1938 年被征用为水源地，直至 1989 年才在公园内新建了柏油环路、甬道、动物饲养所、游艺场、儿童乐园等设施，并设有雕塑、假山等景观，以及五座园内建筑，成为真正意义上的城市公园。

12.3.3 南嘉应公园

即今兴华公园，始建于1939年，面积不大，约为9000平方米。公园内建有花卉温室、舞厅、儿童游乐园、花窖等。公园中的主要景观是一座占地面积近400平方米、高8米的大型假山，并有喷泉、凉亭等景观小品。

12.3.4 近江公园

公园又称“锦江公园”，中华人民共和国成立后更名为“鲁迅儿童公园”并沿用至今。公园面积约为43000平方米。园内以植物景观为主，有一方人工湖泊、湖边建有凉亭，以及人工堆筑的假山，在上面栽种有各种植物。

12.3.5 塔湾公园

塔湾公园便是当年盛京八景之一的“塔湾夕照”所在地，因有一座建于辽代（1044年）的无垢净光舍利塔，伪满时期这里被留作公园预留地，但并没有进行大规模开发建设，中华人民共和国成立后成为城市公园。

12.3.6 同时期的城市广场

城市广场是沈阳市城市近代化建设中的重要组成部分。1909年，日本人在满铁附属地奉天驿（今沈阳站）前修建了广场，这也是沈阳城市中最早的广场。1913年建成了中央大广场，即现在的中山广场（图12-6，图12-7），种有灌木、花草及绿篱等植物。最初在广场中心树立有一根汉白玉日俄战争纪念碑，是日本人为纪念日俄战争而立，抗战后被国民政府拆毁。1922年建成了平安广场，即现在沈阳的民主广场（图12-8）。

伪满政府接管沈阳后，沈阳的名称又被叫作“奉天”。伪满奉天市政府也主持建设了一些城市广场，如始建于1932年的朝日广场，最初称“雪见广场”，今为和平广场（图12-9）；还有于1935年建成的铁西广场等。其中，铁西广场是作为当时日本工业基地的城市中心来进行建设的，占地面积为1.43万平方米，周围环绕着重要的金融机构、警察署等建筑物，是沈阳铁西地区的行政、金融和商业中心。

图 12-6 伪满时期中央大广场鸟瞰

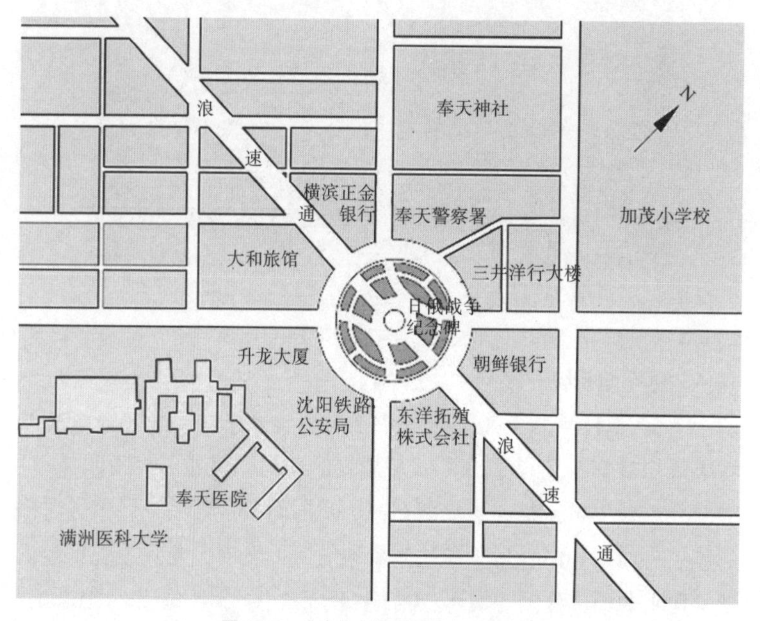

图 12-7 中央大广场平面图（1932 年）

图 12-8　伪满时期的平安广场

图 12-9　20 世纪 60 年代的和平广场（原雪见广场）

12.4　对绿地系统的影响

《奉天都邑计划》是沈阳城市建设历史上第一部完整而系统的城市规划方案，结合了西方城市规划的理念，借鉴了“田园城市”的部分规划思想，整合了沈阳在民国初期的各个区域，促进了沈阳的盛京老城区、商埠地、满铁附属地的协调发展，尤其是规划和设计了沈阳的城市公园与城市广场，构建了近代沈阳的城市绿地系统，颇有利于沈阳城市园林景观环境的发展，甚至对当代沈阳的城市发展建设也形成了极大地影响，具有一定的时代意义。但是，作为日本对其侵占城市的规划，《奉天都邑计划》还是将经济发展和日本文化的建设置于城市发展的首位，城市中的很多公园和绿地也只是为满足日本人的休闲娱乐，并未惠及至广大中国的市民，规划中的很多城市公园与绿地并未实际建成。

奉天都邑计划第一次方案用地面积表　　表 12-1

用地类别	面积（km^2）	所占比例（%）
城内用地	14	7.07
商业用地	12	6.06
工业用地	33	16.67
居住用地	82	41.41
特殊用地	57	28.79
合计	198	100

奉天都邑计划第三次方案用地面积表　　表 12-2

<table>
<tr><th colspan="2">用地类别</th><th>面积（km^2）</th><th>所占比例（%）</th></tr>
<tr><td colspan="2">城内用地（城市公共用地）</td><td>14.38</td><td>7.27</td></tr>
<tr><td rowspan="2">居住用地</td><td>普通</td><td>74.66</td><td>37.73</td></tr>
<tr><td>下等</td><td>7.36</td><td>3.72</td></tr>
<tr><td colspan="2">商业用地</td><td>12.51</td><td>6.34</td></tr>
<tr><td rowspan="2">工业用地</td><td>重工业</td><td>29.56</td><td>14.91</td></tr>
<tr><td>轻工业</td><td>3.77</td><td>1.91</td></tr>
<tr><td rowspan="3">杂项用地</td><td>军事用地及机场</td><td>8.88</td><td>4.48</td></tr>
<tr><td>公园绿地</td><td>36.17</td><td>18.29</td></tr>
<tr><td>运河及铁路用地</td><td>10.59</td><td>5.35</td></tr>
<tr><td colspan="2">合计</td><td>197.88</td><td>100</td></tr>
</table>

奉天都邑计划最终方案用地面积表　　表 12-3

用地类别		面积（km^2）	所占比例（%）
城内用地（城市公共用地）		14.38	7.27
居住用地	普通	74.66	37.73
	下等	7.36	3.72
商业用地		12.51	6.34
工业用地	重工业	29.56	14.91
	轻工业	3.77	1.91
杂项用地	军事用地及机场	8.88	4.48
	公园绿地	36.17	18.29
	运河及铁路用地	10.59	5.35
合计		197.88	100

注：数据基本与表 12-2 相同。

《奉天都邑计划》中形成的存在于城市规划层面的城市绿地系统的构建，对沈阳的城市用地范围、城市绿地分布和城市形态所产生的影响十分巨大。从数量上看，这一时期的城市公共绿地面积大大超越以往，主要表现在依据现代城市要求而建设和预留的各类城市公共绿地，并构成了相对丰富而完整的城市绿地系统（表 12-1，表 12-2，表 12-3）。由城市公园、小游园、公共游憩广场、城市公共防护和隔离绿地、城市建设预留地等组成的城市公共绿地系统，在《奉天都邑计划》中得以体现，并在其后的几年间进行了部分建设，包括长沼湖公园、百鸟公园、碧塘公园等城市公园，葵町、若松、红梅等儿童游园或小游园，以及朝日广场、铁西广场等城市广场，并且在一定程度上综合考虑了浑河、新开河沿岸的植物绿化和相关绿地的建设。

正如满铁附属地的建立对沈阳原来的城市所产生的复杂影响一样，近代城市公园作为日本文化的传播实物被日本人带到沈阳，但出于侵略者主观意愿与实际实施效果间的差异，令这类公园产生的影响并未完全与其初衷相符合。如今，从历史客观的角度再次审视这段由园林到公园的转折时期，尽悉其来龙去脉，将更利于人们从近代公共园林及近代沈阳城市化发展的一些积极影响中获得有益的借鉴。

12.5 先进性与局限性

《奉天都邑计划》虽是依照当时先进的城市规划理念制定的，但也是一部带有浓厚剥削色彩和侵略主义色彩的规划方案。其服务对象是日本侵略者，是为其吞并和侵略而服务的，这就决定了其规划建设并不特别在意对原有的盛京古城的保护。这一时期，城市大量建设各种道路和广场，各色新式建筑拔地而起，宽阔的城市主干道穿越古城墙，沈阳古城外圆内方的城市格局被破坏。在园林绿地的建设方面，虽然建成了一些现代城市公园等大型公共绿地，但风格完全是西方化的，看不到中国特色的景观。而原有的一些中式园林，也多变得面目全非。盛京古城的传统城市面貌逐渐被蚕食殆尽。这种城市建设对沈阳原有的城市形态与结构产生了极大地影响，并且没能充分考虑到未来城市绿地的均衡布局和发展趋势，导致在相当长的一段时间里沈阳城区的公共绿地分布极不均匀。

12.5.1 先进性

例如，在《奉天都邑计划》中提出了南运河的挖掘与相配套的绿地系统的建设，虽然在当时没能建成，但其所提出的构想是值得肯定的。沈阳近代城市公园对城市生活的影响，体现在以下几个方面：首先，在一定程度上使城市环境得以改善，同时也扩大了城市市民休闲娱乐空间；其次，起到了社会教化功能，成为城市社会教育的重要组成部分；最后，对城市的社会政治生活产生了一定影响，城市公园成为一些社会组织、政治团体集会和宣传其政治主张的场所，进而影响着城市社会的动荡和变迁。

12.5.2 局限性

《奉天都邑计划》的局限性也是十分明显的，一方面受当时的西方城市建设理论和技术发展的影响，另一方面受到时代文化政治背景的影响，导致了这一规划方案的局限性。自清朝晚期开始，沈阳近代城市建设的发展非常缓慢，虽有新政的促进，但收效甚微。随后，帝国主义的入侵与侵占势力的影响使得城市发展的步伐被迫加快。但外国的侵略者，尤其是日本侵略者对于沈阳的城市建设更多的只是为满足其自身利益的需要。虽在规划中考虑了新城市的建设与老城区的结合，但没能达到与老城的保护有机结合，导致之后沈阳市整体城市形态略显破碎。

12.6 小结

伪满政权统治时期的沈阳，被日本控制者作为新兴的工业和战略基地而被动地进行了现代化的改造与建设，成为日本帝国主义进行侵略、扩张，吞并中国和东南亚地区的大后方和工业制造业基地。《奉天都邑计划》就是为了这一目的而制定的。这一时期的沈阳城市建设，在城市性质的确立、城市的用地功能划分、城市公共园林绿地的构成等方面，完全照搬西方的城市建设思想，模仿西方的城市和园林形象，改变了沈阳原有的古城风貌和城市形态。

当年的沈阳城市公园绿地建设虽位属旧中国城市的前列，但其在发展建设上依然远远落后于西方国家。当时欧美城市公园的功能不仅用于满足市民的娱乐休闲，还用于改善城市生态环境，缓解城市化所带来的问题。而当年的沈阳城市公园绿地规划建设，因历史、政治、文化等因素，根本没有达到其应具备的城市功能要求。

第13章　昙花一现的近代中国东北神社园林

神社是日本人用来崇奉和祭祀神道教中各种神灵的古老宗教建筑。由于神道教是日本的本土宗教，与日本人民生活有着十分密切联系，所以，神社在日本十分普遍。神道教的起源虽很早，但其真正深入日本民心并得以普及，是在19世纪日本明治维新之后，也正是从此时开始，日本在其开垦地、侵占地内建立大量的海外神社，而海外神社是日本神道发展到一定阶段的特殊产物。近代的日本在侵略和占据中国东北之后建造了大量神社，这些神社既是为当时的日本侨民和移民服务，也是一种文化渗透和文化侵略，并起到美化其侵略行径，宣传其皇国思想，加强对中国人的奴化教育的作用。然而从园林景观形式的角度，神社园林作为宗教园林的一种，因日本与中国的文化渊源，在形式和风格上与中国的寺观园林既有相似之处也有不同。近代东北地区出现的神社园林，对该地区公共园林的形成和发展也有着一定的影响。

日本神社既是神道教的核心，又是神道教的基础，神道教的古典形式是神祇祭祀，而祭祀场所就是神宫或神社。原始的神道教用于祭祀神灵的场所很简单，可以是一座建筑，或是一片树林，甚至于一棵树，直到后期出现了神社和神宫，祭祀场所才固定下来。祭祀神社是对神祇进行礼拜而面向公众开放的一种宗教活动场所，而神宫则更为正式，祭祀的级别较高。随着神祇行政制度的健全发展，神宫和神社也由最初的简单形态而发展到丰富完善的规制。日本神社发展到近代阶段，又出现了祭祀英灵的忠魂碑、忠灵塔，它们样式不一，与神社相比形态简单，也是日本神道祭祀场所的一种。神社园林在分类上与中国的寺观园林同属于宗教园林范畴，神社建筑的构成和布局也与中国的宗教寺观一样有相对固定的基本模式（图13-1），但除主体建筑之外，其他各组成部分的排列顺序和布局并不绝对，也不一定是严格对称。

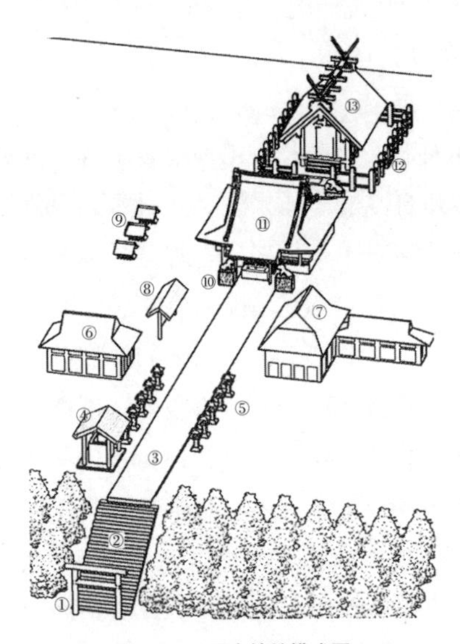

图 13–1 日本神社模式图

1. 鸟居 2. 石段 3. 参道 4. 手水舍 5. 灯笼 6. 神乐殿 7. 社务所（纳札所） 8. 绘马挂 9. 摄末社 10. 狛犬 11. 拜殿 12. 瑞垣 13. 本殿

13.1 神社与附属园林

日本在中国建设最早的神社是建于1875年的上海神社。1895年，甲午战争侵吞台湾后，开始在台湾建造了一大批神社;1905年，日俄战争后，开始在东北建设大量神社。东北地区的日本神社与我国其他地区的日本神社相比有所不同，一是数量众多，二是性质复杂。造成这种现象的原因有三点：一是大量日本人向中国东北武装移民后，为满足众多移民的精神文化需求而建设；二是伪满洲国傀儡政权的建立，为表示亲善而没有限制；三是日军全面侵占东北地区后，将东北地区视为自己的殖民地，全力推行日本文化。

1905 年，日俄战争之后，日本战胜俄国并接管了南满铁路的管辖权，开始对满铁附属地进行大规模建设，同年在中国东北设立了第一座神社—安东神社。在此之后的近四十年里，日本在中国东北建设近三百座神社。时至今日，这些被视为中华民族耻辱的建筑大多已不复存在。

13.1.1　安东神社

安东神社是日本侵略者在中国东北地区建设最早、规模最大的神社之一。安东神社早期名为“安东大神宫”，原址位于安东五番通七丁目，是 1905 年 10 月日本人在安东军政署所建立的遥拜之地。1910 年改称“安东神社”，并于同年迁入镇江山。中华人民共和国建立后，安东神社被拆除，现为丹东市的锦江山公园。

从正面进入安东神社，首先要经过三道“开”字形鸟居（图 13-2）。第一道鸟居为当时伪满洲国第一大鸟居，鸟居两侧各有一个巨大的石灯笼。进入第一道鸟居后是一段长长的神道，坡度较缓，两侧有对称的三十盏神灯，每侧各十五个。走过神道进入第二道鸟居，接着需要通过一座“御幸桥”（图 13-3），再登上五十余级的石段便进入第三道鸟居，随即来到的便是神社的拜殿。大鸟居、石灯笼等巍然耸立，参拜者在拜殿前需整理自己的衣冠后再向神参拜。

图 13–2　安东神社鸟居与神道

图 13-3　安东神社御幸桥与石灯，两侧布满盛开樱花

虽然当时镇江山上的安东神社附近没有什么古树名木，但周围的树林浓密，枝繁叶茂，树种多是阔叶树，使得周边环境显得十分清幽。1912 年，安东的日本满铁株式会社在镇江山开辟了公园，从日本移来樱花树（图 13-3），修建了角力场和亭榭荷池，镇江山公园由此而来（1956 年丹东市政府将其改称为“锦江山公园”）。每年的四月中旬至五月中旬，租借地的日本人纷纷涌入该园，举行樱花盛会，同时也参拜神社，悼念亡灵。

在《安东县志》里，记载了一位由诗人李洵所著的两首诗，里面描写了作者当年游历镇江山时的切身感受。在《镇江山樱花会》中写到风景的幽美怡人：

一路探春讯，行行不觉赊。

边城惊柳色，日俗醉樱花。

此地莺声少，穿林碟影斜。

归途闻笑语，回首暮烟遮。

李洵在《烛游镇江山》中又写到国破家亡，沦为日本侵占地的感慨：

镇北多青山，一山临江矗。

敷地九万坪，森森杂林木。

樵夫不敢来，牛羊不敢牧。

觅经拨白云，盘曲入深谷。

不禁华人游，楼台谁之屋？

日妇负日子，嬉戏异言服。

风俗为所移，土地处他族。

虽或登其巅，弗识真面目。

小憩翠微里，幽鸟时相逐。

流连往而复，踽踽我行独。

徧地蛮草花，触鼻亦芬馥。

放眼望四空，大江绕鸭绿。

风景犹不殊，韩民今谁属？

天意何茫茫，强食弱者肉。

莫谓此区区，而忘国日蹙。

虽然安东神社的环境幽美，建筑高大而圣洁庄严，但毕竟是日本人用以安抚日本移民，是对华精神侵略的工具，也是日本意欲永久侵占中国东北地区和朝鲜半岛的标志。

13.1.2　奉天神社

奉天神社（图 13-4）始建于 1915 年（日本大正四年），原址位于今沈阳市和平区中山广场西北，北四马路的北侧，沈阳八一剧场院内。因当时移居奉天的日本人逐渐增多，便以大正天皇即位大礼为契机设立了这座神社，后历经多次加建和改建，直至 1938 年最终完成。神社祭奉天照大神和明治天皇。中华人民共和国建立后，奉天神社即被废弃，从 20 世纪 50 年代开始，神社内的建筑被陆续拆除，直至八十年代神社的拜殿才被最后拆除，奉天神社也就此湮灭在历史长河中。曾经的神社拜殿，如今仅是八一剧场院内的一个小游园。

奉天神社内的建筑大多朝南而建（图 13-5），铁路平行的琴平町通（今同泽北街）笔直的通向神社正门，早期具有兼做参道的功能。神社正门对面是北四条通（今北四马路），穿过鸟居来到正门前，门前左右两侧置有石灯笼。进入正门后向前有两条道路，右侧稍窄的路通往仪式殿和社务所，左侧的路即为神社的参道，参道左边有升旗台和遥拜所，再向前走依次经过青铜灯笼、青铜灯台、青铜神马、石灯笼、狛犬，接着便来到了拜殿（图 13-6），穿过拜殿后来到中门，后面便是祝词舍和本殿。

图 13–4　奉天神社正门

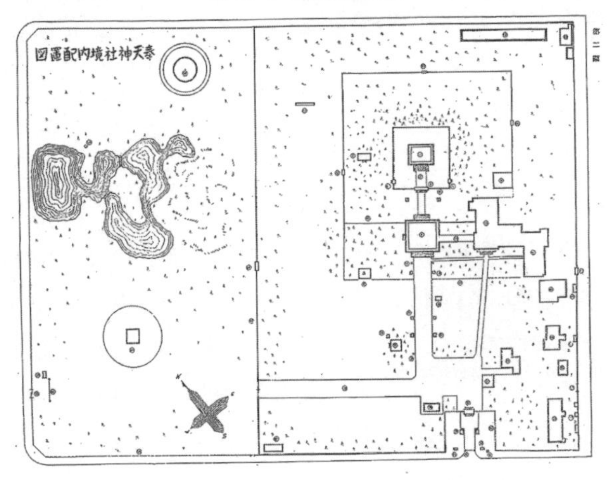

图 13–5　奉天神社平面图

奉天神社的本殿为神明造，1928 年改建为流造，拜殿是平入式入母屋造（即歇山顶），拜殿与仪式殿之间有渡廊相连，廊子是悬在半空的，很有日式古典园林的美感（图 13-7）。神社西侧是神社的外苑，与春日公园（已不存在）相邻，园内筑山、理水，湖岸线蜿蜒曲折，湖心有小岛，园内还设有相扑场和大弓场以供人们休闲娱乐。神社院内广植针叶树，而靠近外墙的一侧多为阔叶树，其中种有很多樱花树，每当春季樱花盛开，从灿若烟霞到落英缤纷，可为当时的盛景。

图 13–6　奉天神社拜殿

图 13–7　奉天神社的拜殿和仪式殿间的渡廊

13.1.3　新京神社

新京神社始建于 1915 年 11 月，与奉天神社属于同一批开工的神社，最初名为“长春神社”，伪满洲国政权建立后“长春”改名为“新京”，长春神社也随之更名为“新京神社”。其原址位于今长春市人民大街北段路西，松江路南，吉林省人民政府机关第一幼儿园和长春市政府机关第二幼儿园区域，占地约 20000 平方米，神社建筑面积约 500 平方米。

新京神社的中心建筑为拜殿，坐西朝东，配殿坐北朝南。建筑为砖木结构，紫铜屋顶。当时拜殿正面建有一座规模不大的鸟居（图 13-8）。1935 年，新京神社翻修院墙，同时还修建了一座用花岗岩筑成的新鸟居（图 13-9），上书“奉献”二字，并在拜殿与新鸟居之间修筑了参道，两旁分别排列神马、狛犬、常夜灯、仙鹤等饰物，均为石雕或青铜铸成。

图 13-8　伪满新京神社的拜殿和旧鸟居

图 13-9　伪满新京神社的正面和新鸟居

13.1.4　伪满建国忠灵庙

伪满建国忠灵庙是伪满时期建筑规模最大、占地面积最广、建筑功能完整、耗资巨大的“满洲式”代表建筑。自 1936 年开始进行设计，1937 年 4 月 19 日举行奠基仪式，并于 1940 年基本完工，同年 9 月 18 日举行了“镇座祭”仪式。伪满建国忠灵庙是伪满建国神庙的摄庙（代理庙），遗址今日尚存，地点位于今长春市人民大街工农广场南侧，而伪满建国神庙则于 1945 年伪满洲国解体时的混乱中被焚毁。

伪满建国忠灵庙（图 13-10）的建筑群在设计时整体朝向为坐北朝南，但后来建造时又改为面朝西北方向，使其纵向中轴线向东南可延伸至日本本土的伊势神宫。根据日本伊势神宫的位置来确定伪满建国忠灵庙的建筑朝向，由此使建筑入口面向西北，实现了日本关东军提出的“庙之方位将来之帝宫”的谬论。建筑方位改变后，在伪满建国忠灵庙举行祭祀活动时需要面向东南方向参拜，其实就是对着日本伊势神宫的天照大神参拜。

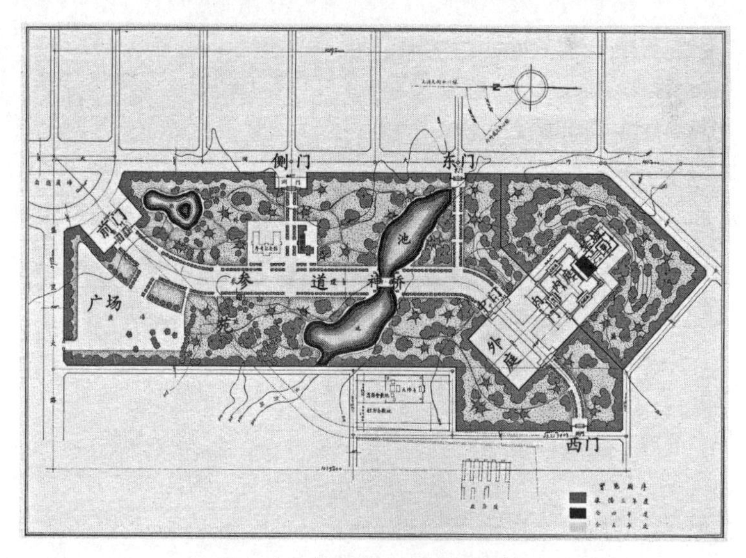

图 13-10　伪满建国忠灵庙的总平面图

伪满建国忠灵庙整体为日式仿唐建筑，主体建筑群分为外庭、内庭、禁域三部分，还有参道和一些附属建筑。建筑主体均为钢筋混凝土结构，外表面敷以花岗石、砂岩石的贴面，蓝色琉璃瓦屋顶，内部以大理石、涂料、漆画等进行装饰，造型严谨，风格古朴。建筑形象和空间环境受日本神社建筑布局的影响，设有独立的园林体系，并根据使用功能和等级划分为内苑和外苑。但该处建筑因后期侵华战争规模扩大，导致建设资金不足而未能完成。

从北侧通过半圆形的建国广场（又名“南岭广场”）进入前门，是一条宽 56 米，长近 700 米的曲线参道，经两次转折来到中门，在中门门前和参道两侧，分别设有手水舍和焚香炉这两种日本神社中常见的建筑小品。从园外引湖水进入园内，流经参道，上面建有一单孔桥，名为“昭忠桥”，桥长 30 米，宽 17 米，有狛犬分列其两侧。过桥继续向前便是中门，通过中门即进入忠灵庙的主体区域。首先看到的是外庭，外庭是中门和内门之间的庭院，进入内门便是内庭和主体建筑拜殿。拜殿跨度为 38 米，建筑面积 905 平方米，设在大院纵向中轴线正面，是举行仪式、祭奠亡灵的主要场所，祭坛设在殿内正面，周围矗立着通顶圆柱，墙壁及屋顶绘有多彩的壁画。内庭东西两侧建有东、西配殿，四角有角楼。拜殿、配殿与内门通过回廊连接四个角楼围成正方形。环庙长廊既是院内各建筑间的走廊，又是大庙的外墙。拜殿的后面是禁域，主体建筑为本殿（设计时称“灵殿”)，是伪建国忠灵庙建筑中轴线的终点，也是最高点（图 13-11，图 13-12）。本殿为方塔形建筑，占地面积 49 平方米，用于摆设死者的灵位。

在原设计图纸上可以看出，外庭和参道部分的园林环境被称之为外苑，内庭和禁域的园林环境被称之为内苑。园路为自然曲折式，外苑有两处水池，一处大广场，内苑以筑山为主体，将禁域环抱其中，在视觉上形成良好的景观效果。不过，园林部分的建设也因资金不足而未能完成。

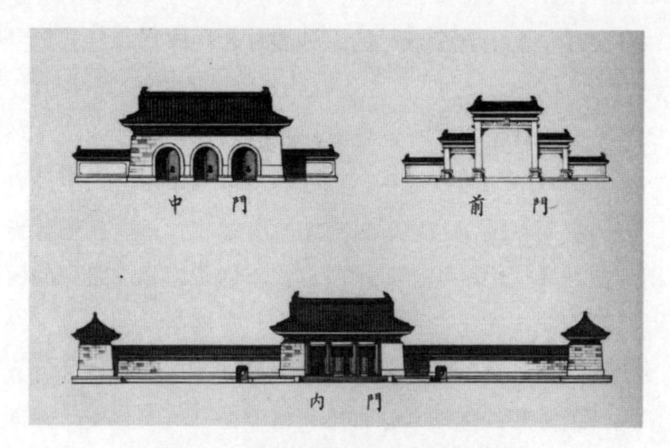

图 13–11　伪满建国忠灵庙主体建筑立面图

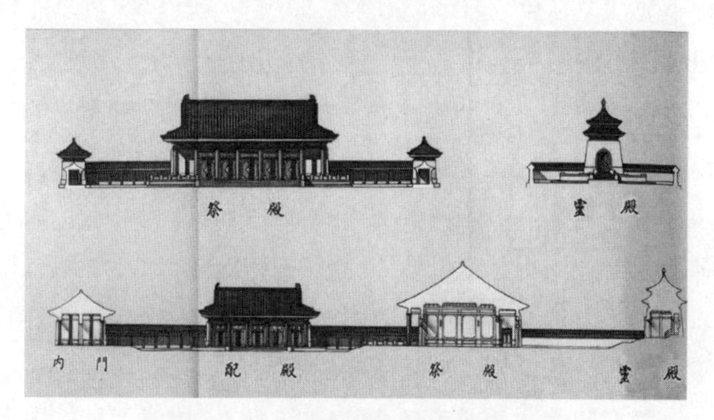

图 13–12　伪满建国忠灵庙主体建筑剖立面图

伪满建国忠灵庙修建得十分庄重典雅，动用人力之多，耗资之巨，足以反映出日伪当局对此庙修建的重视程度。该项目在建筑选址、布局朝向、空间序列构成、空间布局方式、空间氛围塑造等方面都具有鲜明的特色，在众多现存的伪满建筑遗址中具有特殊的历史地位和研究价值。

13.2　园林特点与影响

中日两国的园林同属东方园林，日本的园林文化和园林风格深受中国古典园林的影响，因此两者在很多地方都存在相似之处。神社园林作为日本本土自发形成的一种园林建筑体系，有着自身的民族特点。

日本本土的神社园林一般精致而富有禅意。神社建筑小巧、自然、朴素。园林环境以水为主，加上岛、桥、树木等元素，以再现自然风光为主要目的。与中国古典园林喜爱将牡丹、杨柳等植物景观运用到园林环境中一样，日本最具代表性及园林中常用的两种植物是春天的樱花与秋天的枫叶，日本人欣赏樱与枫的重点不在于它们盛时之景，而是钟情于其由盛而衰的过程，这是日本民族骨子里对世事无常最直观的体现，这种物哀情节是日本文化中一种理性又悲观的感悟。而宗教在日本一直处于重要地位，寺院、神社是日本文化中重要的象征物。日本园林的造园思想受到极其浓厚的宗教思想的影响，追求一种远离尘世，超凡脱俗的境界。特别是古典园林后期的枯山水园林，竭尽其简洁，竭尽其纯洁，无树无花，只用几尊石组，一块白砂，便凝成一方净土，将禅意园林发挥到了极致，神社园林的意境营造也体现着上述的日本园林文化特点。除了城市中的神社及路边的小神社以外，一般的神社也会对环境的选择十分考究。首先是要选择一处风景秀丽、环境清幽的地方，通过对其周围环境的不断经营，使得神社所在的地方形成一处环境优美、古木参天的风景名胜。这些着力经营的自然环境，增添了神社古老而又神秘的气氛。同时再配上一些具有特殊含义的建筑小品，如石灯、手水舍等，更增添了几分日本神社建筑特有的神秘文化韵味。

20世纪初，借助日本军国主义的武力侵略和大量移民，短时间内快速渗入中国东北地区，给日本神社园林带来了完全不同的宗教园林风格，也带来了强势的文化入侵。建立在海外的日本神社因为多数服务于政治目的，所以在造园手法上并没有过多的考究，但我们在上述典型案例中依然可以看到日本园林文化的特点。虽然这些神社园林在中国的土地上只是昙花一现，但其所形成的园林格局和植物景观基础，对后来东北地区公共园林的建设具有一定的影响。

在中华人民共和国成立后，很多神社建筑被直接拆除，遗址地被改造成小游园，或进行新的建设项目，也有部分神社建筑被保留了下来并改作他用。安东神社的神社建筑虽然也被拆除，但其附属园林环境格局及镇江山（锦江山）公园基本被保存下来，保留了神社原有的参道、石台阶和一些平台、植物景观灯，并在此基础上进行了新的规划建设与改建。今天的丹东锦江山公园便是在原有的镇江山公园的基础上建设而成的。如今的锦江山公园已成为东北地区城市中少有的城市森林公园，当年栽种的樱花树、银杏树、李树、水杉等历经百年沧桑，依然郁郁葱葱。然而神社建筑、神碑、神兽等早已荡然无存，只有曾经通向神庙的石径、石桥和石阶依然曲径通幽，无言地描述着历史的沧桑与时代的变迁。

13.3　小结

如今，日本在华的神社和园林绝大多数都已经消失了，仅有极少数建筑被保留下来，但也已被改变原有的使用功能，成为一些单位部门的办公用房。另有一些神社园林在原址上被改建成城市的小游园，成为当代城市绿地系统的组成部分。作为一棵树上的两朵花，同宗同源的日本园林与中国园林在近代历史上相互影响。神社园林作为异域园林形式，虽然在中国的土地上只是昙花一现，但我们仍要进行相关的研究，并从园林学科的角度分析其景观设计方面的特色与风格，取其优点为我国所用。

近代中国东北地区的神社建筑和附属园林，数量众多，成分复杂。但其文化的根本性质是一样的，都是侵略文化侵略形式。因此，在研究其建筑和园林特点的同时，还应该看到这些神社建筑和园林不是普通意义上的日本神社建筑和日式园林，而是当年日本军国文化的主要宣传阵地，是美化侵略、安抚日本移民的精神化身。对日本在华神社建筑及其附属园林的保护与研究，也是对日本侵华战争史研究的组成部分，借此可以深入了解当年日本侵华时期对东北地区人民的宗教文化和文化教育侵略的情况。

第 14 章　盛京园林的构成特征及影响因素

在中国的古典园林的组成成员中，有北方皇家园林、江南私家园林外，还分布着丰富多样的地方园林，如岭南园林、关中园林、四川园林、西藏园林等，这些园林因其所处区域地理气候区域和园林文化内涵而各具特色。位于中国东北地区的沈阳，曾是清帝国的陪都，是东北地区的政治文化中心。以沈阳为中心的辽宁中部地区，是满族文化的发源地，即所谓的“龙兴之地”，这个地区的城市建设和园林形象也因凭借其独特的地理气候特点和地域文化因素，形成了具有代表性的严寒地区园林景观类型——盛京园林。盛京园林整体表现出中国北方文化中粗犷质朴的气质特点，与中原、江南等地精巧玲珑的园林景观形成了强烈对比。

盛京园林在发展的过程中，不同的历史阶段受到了历史、民族、宗教、外来文化等众多因素影响。同时，作为一个多民族聚居的地区，包容了以满族、汉族为主体，兼有蒙古族、藏族、回族、锡伯族、朝鲜族等多个民族的民俗文化，呈现出多元文化特征，共同构成了盛京园林景观文化的独特风貌。

盛京园林与中国古典园林的发展进程大致相同，但由于受其所处的地理位置和城市功能属性的限制，人工景观的出现时间略晚于中原地区，并且园林的建设水平相对比较落后。盛京园林从兴起、发展、转折，再至新的发展建设，先后经历了以自然景观为主时期、古典园林发展时期、园林文化转折期，以及现代园林景观建设时期，共四个阶段。清王朝衰亡后，沈阳进入到了城市现代建设时期，受西方城市规划思想和景观建设思想的影响，各种类型与形式的城市公园、街边绿地、广场开始大量的出现，综合的城市绿地系统雏形逐渐形成，为当代沈阳城市园林景观建设打下了一定的基础。

14.1　构成特征

盛京园林在其发展过程中受到了多方面因素的影响。首先，东北的寒地地理气候环境，构成了盛京园林形成和发展的外部生态环境，使盛京园林的寒地植物等景观构成要素具有鲜明地域特征。其次，因沈阳地区的历史发展沿革和多民族文化因素，对盛京园林的景观形态产生了内在文化影响。在这些因素的影响下，盛京园林的景观形态、空间布局、园林要素等方面特征鲜明。

14.1.1　空间布局

盛京园林的主要类型有皇家园林、寺观园林和私家府邸园林，由于受到北方地域气候的影响，其建筑与园林空间结构多为封闭的多重四合院落的形式。

以沈阳故宫为例，其的建筑空间既有典型的北方地区少数民族风格，也有着中国北方民居的合院结构。沈阳故宫由东路、中路、西路三组院落组成。每组院落之间既相互独立，又有连通，完整有序。其中东路为努尔哈赤时期建造，由大政殿和十王亭组成的院落，空间宽阔开敞，布局是汗王大帐的组织风格，具有北方游牧民族特点，是早期朝政之所；中路是皇太极时期建设，前朝后寝的功能分区，形成规整的合院式布局；西路及西所为乾隆皇帝时期建造，采用朝寝与休闲建筑组合的布局形式，是沈阳故宫中最富于园林情趣，具有江南园林风格的建筑群组，可以说这里就是沈阳故宫的皇家园林所在。

盛京的寺观园林景观也是在由建筑形成的合院的空间基础上，沿中轴布置数进院落以增加景观空间的气势和庄严感。这种布局每一进院落以主轴线上的建筑作为空间控制，通过细微的变化来塑造多样的空间，使游人在每个独立的空间中的感受不同，通过总体的连贯性和序列感，烘托出庄严肃穆的气氛。寺院庭院的园林化氛围，也随着院落的深入而逐渐加强。例如沈阳慈恩寺，坐西朝东，由东西轴线上的山门与天王殿、大雄宝殿、比丘坛等三座主要建筑构成了三进院落，建筑规模随院落的递进而逐渐宏伟，院落尽端为高大的藏经楼。在慈恩寺的各进院落中布置有各种功能的宗教小品、观赏性植物，并种植有常绿的松柏等高大乔木，在比较靠后的院落设置了山石、花坛等景观小品，

盛京传统的私家园林更是以合院式布局居多，常见的布局是居中留出十字形的通道，而在院落中心、院落四角设置景观小品和植物。如近代军阀杨宇霆公馆的四合院部分，其花园布局是在院落中心建造了喷水池和假山，在院落四角种植庭荫树点缀。张氏帅府花园则是典型的中西结合样式，花园中的西式建筑大青楼与小青楼之间以一座中式假山相隔，使花园形成了类似二进的院落，倒也别具一格。

14.1.2 地形与水体

以沈阳为代表的辽宁中部地区，地形以平原为主，山地较少。因此，园林的建设也大多是平地造园，其中没有太多地形的变化。在一些比较大的园林中，因自然地形的变化而形成一些高差，会产生相对良好的园林景观效果。

早期皇家园林御花园（后改为“长宁寺”）景观以自然林泉为主，地形坡度变化不大。皇家陵园福陵和昭陵的景观，是因借助自然的山地地形，才具有明显的地形变化。而比较大的寺观庙宇的附属园林，大多也是借助自然环境的地形，才有了较大的园林地形的变化，例如沈阳的向阳寺和朝阳寺，就是因山地地形的变化，寺内的地形高差很大，形成了独具特色的山地寺观园林景观。而沈阳的慈恩寺，当年位于万泉河畔的高地，可俯瞰山门外的柳色与荷塘，寺观与万泉河共同形成了盛京东南的美景。

比较大些的私家园林，如张氏帅府花园，也通过假山的堆叠方式，使园林的地形产生高差的变化。帅府花园南部的假山高度近4

米，在山顶上设有一座中式暖亭，形成了花园地形的制高点，虽然花园的主要建筑是西式风格的楼房，但中式的假山和暖亭，使得这座花园的园林景观形象具有强烈的中国传统园林风格。

与关内地区园林不同的是，盛京园林不论是哪一种类型，庭园中很少建设泉池景观，几乎都是旱园的形式。一方面是因为北方比较缺水，园林用水供应不足，另一方面是因北方冬季寒冷，室外活动比较少，而水面结冰后不但利用率不高，形象也不美观，对园林景观反而有一定的负面影响。不过，也有一些私家园林中营造了园林水景，比较著名的就是清朝末期的赵尔巽公馆花园和民国初年的王维宙公馆庭园。前者的花园位于万泉河畔，公馆的后身便是小河沿的荷塘，可引水入园。花园中绿树成荫、涟漪轻荡、荷香扑面，风景宜人。王维宙公馆也是位于万泉河附近的一处四合院中，院落格局宽阔疏朗，庭园中设有观景水池、小桥等园林水景观，还有荷花缸等园林小品摆设，并以彩砖铺设庭园的甬路，庭园中林木扶疏，意境典雅清新。

14.1.3　园林建筑

受北方地理气候影响，盛京园林中的建筑特点大多呈现出厚重、大气的造型和鲜艳明亮的色彩。在沈阳地区传统的古建园林中，建筑体量相对厚重，以歇山和硬山式为主，大多使用抬梁式构架，喜用色彩明艳的彩绘，饰以琉璃瓦、短出檐、厚墙身、红黄墙、三交六窗花等形式。在东北地区，冬季时间相对较长，室外环境干燥寒冷，植物枯萎凋零，园林色彩十分单调沉闷。因此，东北地区园林中的建筑多采用鲜艳亮丽的颜色，在冬季皑皑白雪的映衬下，呈现出绚丽多彩的室外景观色彩，盛京园林的建筑也是如此。

例如沈阳故宫西所的建筑样式与色彩，具有典型的园林风格。西所第二进院落的大门是样式活泼而色彩明快的垂花门，以红、绿、黄、蓝为主调的彩绘，而后部的继思斋则是典型的江南园林建筑风格，卷棚顶勾连搭的建筑样式在一片庄重的宫殿建筑群中，令人感到欢快而愉悦。继思斋一改东北地区最为常见的前后廊式的建筑形式，以一道通廊与前面的迪光殿相连，前后共同形成“工”字形建筑组合。西所内建筑的正脊、垂脊、博风、墀头等部位，都装饰着彩色琉璃构件，并以瑞兽奇花为主体图案。继思斋从外墙面到檐板，再到屋顶覆瓦，分别是红、绿、蓝、黄、金，色彩鲜明而艳丽，具有十分强烈的艺术效果，在寒冬万木凋零、白雪皑皑之际，更显得炫彩夺目、富丽堂皇。

在沈阳的皇家寺庙实胜寺，寺院主体大殿建筑为五间单檐歇山式砖木结构，殿顶为黄琉璃瓦绿色剪边，梁枋及柱头位置刻有精美金龙图案的描金彩绘，建筑周围有24根红色柱子，整体色彩鲜艳夺目。

在私家园林中，建筑的色彩也是极为丰富，建筑虽是青砖黑瓦，但蓝或绿的门扇窗棂、朱漆木柱，精致的雀替雕刻和檐椽彩绘，似乎有着不逊色于烂漫春花的色彩。而盛京园林中的亭廊建筑，在讲究的大户人家花园中，也常常做成可封闭的样式，设置有门窗，以便在寒冷时节也可使用这些建筑。例如张氏帅府花园的亭就是有门窗可封闭的建筑形式，这也是北方园林建筑的特点。

14.1.4 园林植物

盛京园林受到北方寒地气候的影响，四季分明，植物季相变化显著，特别是在冬季，除了松柏等常绿针叶树种，几乎没有其他常绿植物种类。因此，植物种类的选择和配置方式形成了北方寒地园林的鲜明特征。

在盛京皇家宫殿园林、皇家陵寝园林和寺观园林中，大量使用了的松、柏、杉类等常绿植物，以形成冬季的绿色园景。在私家园林庭院的观赏树种中，对春季观花树种的选择占很大比例，如桃、杏、李等春季开花的果树，榆叶梅、连翘、黄刺玫、丁香等观赏性花灌木都是常见的庭院观赏性植物品种。而爬藤植物既有选择地锦、南蛇藤、金银花、蔷薇等具有观赏性品种的，也有种植葡萄、丝瓜等农作物品种的，目的都是起到夏日庇荫的效果。

盛京园林中其他植物品种的选择（见表14-1）也都结合了沈阳

地区的地理气候特点，以当地植物品种为主，注重针叶植物、阔叶植物、常绿树与落叶树，以及植物色彩的搭配，突出了园林植物景观的观赏性和季相变化。

沈阳地区常用园林植物种类表　　表 14–1

树种	植物名称	拉丁名
常用针叶树	油松	*Pinus tabuliformis Carrière*
	桧柏	*Sabina chinensis（L.）Ant.*
	红皮云杉	*Picea koraiensis Nakai*
	青扦云杉	*Picea wilsonii Mast.*
	白扦云杉	*Picea meyeri Rehd.ex Wils*
常用乔木	银杏	*Ginkgo biloba L.*
	山杏	*Armeniaca sibirica（L.）Lam*
	银中杨	*Populus alba 'Berolinensis' L.*
	新疆杨	*Populus alba var. pyramidalis Bunge*
	枫杨	*Pterocarya stenoptera C. DC*
	京桃	*Amygdalus persica f. rubro-plena*
	榆树	*Ulmus pumila L.*
	山皂角	*Gleditsia japonica Miq.*
	刺槐	*Robinia pseudoacacia L.*
	国槐	*Sophora japonica Linn.*
	小叶朴	*Celtis bungeana Bl*
	大叶朴	*Celtis koraiensis Nakai*
	垂柳	*Salix babylonica*
	馒头柳	*Salix matsudana var. matsudana f. umbraculifera Rehd.*
	水曲柳	*Fraxinus mandschurica Rupr.*
	白蜡	*Fraxinus chinensis Roxb.*
	栾树	*Koelreuteria paniculata*
	元宝枫	*Acer truncatum Bunge*
	紫椴	*Tilia amurensis Rupr.*

续表

树种	植物名称	拉丁名
常用乔木	糠椴	*Tilia mandschurica Rupr.er Maxim.*
	核桃楸	*Juglans mandshurica Maxim*
	花楸	*Sorbus pohuashanensis*
	辽东栎	*Quercus wutaishansea Mary*
	蒙古栎	*Quercus mongolica Fisch. ex Ledeb*
	臭椿	*Ailanthus altissima*
常用灌木	东北连翘	*Forsythio mandshurica Uyeki*
	金银忍冬	*Lonicera maackii（Rupr.）Maxim.*
	黄刺玫	*Rosa xanthina Lindl*
	珍珠梅	*Sorbaria sorbifolia（L.） A. Br*
	榆叶梅	*Amygdalus triloba*
	珍珠花	*Spiraea thunbergii Sieb.*
	绣线菊	*Spiraea salicifolia L.*
	紫丁香	*Syringa oblata Lindl.*
	小叶丁香	*Syringa pubescens ssp. microphylla*
	锦带花	*Weigela florida（Bunge）A. DC.*
	天女木兰	*Magnolia sieboldii*
	水腊	*Ligustrum obtusifolum sieb.*
	紫叶小檗	*Berberis thunbergii var.atropurpurea Chenault*
常用垂直绿化植物	地锦	*Parthenocissus tricuspidata*
	地五叶锦	*Parthenocissusquinquefolia（L.）Planch.*
	南蛇藤	*Celastrus orbiculatus Thunb.*
	北五味子	*Schisandra chinensis*
	山葡萄	*Vitis amurensis Rupr.*
	山荞麦	*Polygonum aubertii L.Henry*
	葛藤	*Argyreia seguinii（Levl.）Van. ex Levl*

14.1.5　景观小品与建设材料

在盛京园林中，园林景观小品的样式种类与关内地区的园林相比并不十分丰富，但因地处东北寒地，加之受到满族、蒙古族等少数民族文化影响，形成了极具特色的地域与文化特点，体现在园林景观形象和造园材料方面的风格与特点十分独特。

在皇家宫苑和敕建寺观中，景观小品经常具有十分鲜明的皇家印记，如鎏金的动物雕塑（龙、凤、象、雀）、石雕的狮兽等。受到中原地区汉文化园林的影响，园林中的置石景观十分普遍，不论是在盛京皇宫中，或是以实胜寺和慈恩寺为代表的寺观中，还是盛京的私家园林中，可以普遍看到作为景观摆件的园林置石，这些景石或大或小，或玲珑剔透，或圆润古朴，虽风格形态不同，但都起到观赏作用。

盛京园林中的植物盆景并不多见，这可能也是因东北地区气候严寒，不适于常绿植物的栽培有关。特别是在冬季，园林中的一些盆景奇石、盆栽花卉、鱼缸等景观摆设必须要收入到室内或温室暖房中，需要有一定的经济实力才能达到冬季保存的要求，这也是东北地区园林景观小品种类较少的原因。

盛京园林的假山堆石材料，常采用北方常见的黄石、青石、房山石等石材。虽有部分仿造江南园林的太湖石形态，但大多数的假山因以黄石、青石为材料，在景观形态上更显古朴厚重，具有东北地区园林景观大气而粗犷的特点。

总的来说，盛京园林在建筑、植物、造园材料、景观形象方面，与关内地区的园林有着显著的不同，并且体现着东北地区的地域景观文化特点。例如建筑的彩绘色彩艳丽，既有苏式包袱彩绘，也有蒙古族喜爱的纹样，其中也夹杂了藏式建筑的装饰，而满族最爱的红、黄、蓝占据了最主要的色彩。园林植物以东北地区乡土树种为主，注重常绿树种与观花植物品种的搭配，春花、夏荫、秋叶、冬雪是盛京园林中四季景观的鲜明特点，而寒冬之际的红墙绿瓦与青松傲雪，可以说是盛京园林独有的景致了。

14.2 影响因素

14.2.1 地理气候

以沈阳为中心的辽宁中部地区，位于中国东北地区南部，以平原为主，山地和丘陵集中在东南部，属于温带季风气候，冬夏温差较大，四季分明，冬寒时间较长，将近六个月；而夏季时间较短，仅有三个月。春、秋两季气温变化迅速。受到如此地理气候的影响，盛京园林在空间布局、园林建筑、植物配置等方面呈现出鲜明的北方寒地园林特征。

14.2.2 历史文化与时代文化

自战国时期建城至今，沈阳已有2300多年的建城史，在其发展过程中形成的具有代表性的，并产生重要影响的景观文化主要有两部分：一是在清朝初期和中期因城市迅速发展而形成的丰富多元的盛京文化。二是近代的沈阳作为日俄侵占地所形成的景观文化。盛京园林因受到这两种文化影响而特色鲜明。

（1）清代盛京文化的影响

盛京文化包罗万象，核心是以满族八旗文化为首，吸收融合汉族、蒙古族等其他民族文化的区域性独特的文化形态。盛京文化对园林的影响主要包括三个方面：首先，盛京文化促进了清代盛京园林景观的大发展。清代沈阳作为都城和陪都，开始了沈阳历史上第一次大规模的园林和景观建设，出现了皇家宫苑、昭陵和福陵等皇家园林；以及慈恩寺、实胜寺、太清宫等寺观园林景观。其次，盛京文化影响了城市的景观空间环境和园林形式。清朝帝王信奉藏传佛教，盛京城的城市空间形态呈现出“外圆内方”的曼陀罗形式。并且盛京城中的宫殿、寺庙、佛塔的位置分布也遵照曼陀罗的形式分布，形成清代陪都独特的城市景观空间。第三，盛京文化中的“流人文化”对盛京园林所产生的重要影响。清初和清中叶，大批获罪的内地文人被流放到东北地区，这些流人把中原深厚的汉文化带到这里，兴办教育，进行文学艺术创作，开展了各种文化活动，形成一股“流人文化潮”，构成了清代东北封禁时期盛京文化的重要组成内容，进一步促进了满汉文化的交流与融合。清代的流人如戴梓、函可、陈梦雷等，不仅以大量的诗文描述了当时盛京地区的风物美景，同时也参与到园林的营造中来，对丰富盛京园林景观内容、提升园林文化发挥了重要作用。

（2）日俄侵占地文化的影响

沈阳地区的侵占地文化主要是在 1905 年的日俄战争后，日本在近代侵占东北地区，所带来的文化影响主要体现在两个方面：一是带来了西方的城市公园和广场的建设理念，对城市园林绿地系统的形态和构成产生巨大影响。日本侵占沈阳期间，基于侵略目的而进行城市建设，系统地规划了城市绿地范围，开辟和修建城市公园和城市广场，这些公园和广场的规划布局和功能分区都采用了西方的设计手法。二是当年建设的城市公共园林受到当时政局的影响，留下了许多侵占时期的烙印。例如千代田公园（今沈阳中山公园）的忠魂碑、忠灵塔和鸟居神社等，都是在宣传日本的侵占文化。

14.2.3　多民族文化

沈阳是一个以满族、汉族文化融合为主体，包含蒙古族、藏族、回族、朝鲜族、锡伯族等多民族文化的城市。在多民族文化的影响下，盛京园林的景观形象也呈现出独特风貌。

（1）满汉文化的融合

盛京园林主要是汉族和满族两族文化融合而形成的园林景观。满汉文化融合而形成的景观中最典型代表的莫过于沈阳故宫。满族、汉族两族的文化影响主要体现在沈阳故宫的规划布局和色彩两方面。例如，在故宫东路的空间布局中，大政殿坐北朝南，十王亭呈“八”字形分列左右两侧的广场上，这种形式是满族八旗战时扎营帷幄形态的一种固化体现，民族风格浓郁。

在清初的盛京皇宫中，汉文化的影响主要表现在汉族模式的皇宫格局与满族高台居住院落形式的结合。而在清中期建设的故宫西路及东、西所的规划布局中，前朝后寝的格局、朝寝与休闲建筑的形式等，体现了汉文化中儒家封建礼制和等级的观念。乾隆时期修建的西路和西所，精巧多变的建筑形式、丰富的苏式彩画、雅致的庭院格局，充满了汉族文人所欣赏和崇尚的园林情趣。

此外，在东路和中路的建筑屋顶装饰上采用了汉族宫殿建筑中所使用的琉璃瓦饰，但是在琉璃瓦件的色彩上保留了满族、蒙古族、藏族等民族的色彩喜好，因而呈现出浑厚浓郁的少数民族装饰特点。故宫的中路和东所建筑在屋脊瓦饰上仍继续沿袭采用黄琉璃瓦绿剪边的特点，而在室内外的油漆彩画方面则崇尚简朴，多用红漆不做过多华丽的装饰来表达对先祖的尊敬。

（2）回族文化元素

回族文化对盛京景观文化的影响主要体现在城市景观环境建设方面。回族从元末明初开始来到沈阳地区定居，至1625年清太宗时期在沈阳西关一带建立回族营地，形成沈阳最大的一处回族聚居区。沈阳的回族营东西窄、南北长，主要是围绕表达其宗教信仰的三座清真寺而建立。这三座清真寺分别是沈阳清真南寺、北寺和东寺。回族营中以清真美食街为代表的城市景观，民族特征鲜明，表现在建筑、装饰、小品、色彩，以及一些文化元素符号方面，成了盛京景观文化中的重要组成部分。

（3）朝鲜族文化景观

朝鲜族文化也对盛京景观文化的形成具有重要影响。沈阳地区的朝鲜族大约是在19世纪末至20世纪初由朝鲜逐渐迁居过来，聚居在沈阳的西塔地区，形成富有浓厚朝鲜族风情的城市景观，距今已有120多年的历史。朝鲜族的建筑、服饰、餐饮、娱乐等民族文化特色鲜明，风情浓郁，并已经深深融入沈阳的城市文化与景观文化之中。

（4）锡伯族文化浸润

锡伯族是东北地区的原住民族，其民族文化对盛京城市园林文化的贡献主要表现在以锡伯族的家庙（太平寺）为代表的少数民族寺庙景观环境方面。沈阳地区的锡伯族大多于公元1699年至1701年从伯都讷、齐齐哈尔等地迁来的，成为盛京地区少数民族人口的主要构成之一。锡伯族聚居的乡村地区，生活习俗介于本地区的满族、汉族、蒙古族等民族之间，建筑景观和文化符号独具特色，形成了锡伯族文化特色的乡村景观，丰富了盛京园林景观文化的构成。

14.3　文化价值

盛京园林作为中国园林的一部分，其产生与沿革既有中国古典园林发展的一般特点，又具有东北地区地域文化影响下的特质。盛京园林在中国园林体系、中国地方园林体系中代表着鲜明的东北地域与文化特点。认识并研究盛京园林，了解其景观特征和文化价值，对现今的城市园林景观建设与发展有着极其重要的意义。

14.3.1　中国北方古典园林的重要组成

中国园林体系的三大代表性核心类型分别是北方皇家园林、江南私家园林和岭南园林。其中，北方皇家园林以北京的皇家园林为代表，因位于封建帝国政治中心，所以大多规模宏大，建筑与园林富丽堂皇。盛京的皇家园林，因发展历程相对较短，园林的数量与种类都不如关内地区的园林丰富，并且受自然气象条件所局限，河川、湖泊、园石和常绿树木都较少，且风格粗犷，缺少江南和岭南园林中的秀丽俊美，但盛京的皇家宫殿园林与皇家陵寝园林景观风格独特，与北京的皇家园林形成对比与补充，是中国北方皇家园林的重要组成部分，丰富了中国北方园林体系。

北京皇家园林和盛京皇家园林同属于清朝的宫殿园林，都受到清文化的影响，不过清代北京的皇家园林大多是基于前朝环境园林的基础上改扩建而成。所以，建造的时间相对盛京的园林更早。很多皇家园林在明朝时期便已经有了相当的规模，清王朝进入北京后并未对明朝的宫殿和园林进行根本的改变，大多是直接进行使用，这使得北京皇家园林受汉文化影响的比重相对更大一些。而盛京皇家园林在清王室入关前和入关后不同时期进行的建设，在内容和景观特色上各有不同，其中早期建设部分的满族特色比较明显，而中后期建设部分可以明显看出受汉文化影响的建设特点。

北京的皇家园林也对盛京皇家园林建设有极大地影响。盛京皇家陵寝园林——昭陵和福陵，基本模仿了明皇陵的北京长陵和南京孝陵的形制，由神道和陵宫两部分组成，周边设有风水墙，这是明皇陵的典型形制。在宫殿的建设与改造方面，也可以看出汉文化对清朝皇宫逐渐深入的影响。从盛京皇宫东路布局鲜明的满族文化特征，到中路逐渐显现出的受汉族文化影响而形成的合院式空间，再到乾隆时期建造的西部建筑群的完全汉化，以及东所、西所体现出的江南园林意趣，可以看到关内的汉文化在关外的盛京皇宫建设中影响与变化的过程。

盛京皇宫西路的戏台、嘉荫堂、文溯阁、仰熙斋、九间殿等建筑形式，已经全面汉化，仿照北京故宫、圆明园等宫内建筑布局，与北京故宫的御花园、宁寿宫花园中的建筑一样，富有园林意趣。而盛京皇宫东所、西所内一些建筑也采取了这种造型特点，依照北京或江南著名建筑而建，为这座北方宫殿园林中注入了汉文化的气息。总之，盛京皇家园林受到满族、汉族、蒙古族、藏族等民族多元文化影响，景观形象特征独特，是中国北方古典园林的重要组成部分。

14.3.2 代表东北地域文化特色

中国地域辽阔，具有如岭南园林、关中园林、四川园林、西藏园林等丰富多样的地方园林，受到各自所在地域文化和地理气候等因素影响，其景观形象和园林构成各具特色。位于中国东北的盛京园林，凭借独特的民族文化、地域文化和地理气候特点，形成了严寒地区的园林景观，形象比较粗犷质朴，颇具东北地区居民的性格特点。在园林的空间布局、建筑与小品、植物、装饰色彩等方面具有鲜明的清朝文化特色，并适应了东北地区特有的寒地气候环境特点，与中国其他地区的园林景观形象形成了强烈对比。

自清朝晚期开始，沈阳先是成为沙皇俄国远东铁路建设的组成部分，后来又成为日本的占据地，先后受到日、俄两国的侵占政治、经济以及文化的影响，使得近代沈阳的城市建设和园林建设不可避免地带有侵略时代的文化烙印，促使盛京园林发展到近代产生了规模、形式和功能与西方城市公园基本一致的公共园林，并留下了近代历史的殖民印记。盛京园林具有多元的景观文化内涵，恢宏大气的园林景观形象，是东北地区园林形态和园林文化的代表，是中国地方园林体系中特色鲜明的重要组成部分。

14.4　结语

盛京园林的产生与发展过程基本与中国园林大系统的发展历程一致，但由于所处的地理位置和历史文化的影响，真正的园林建设出现的时间较晚。中国园林以盛唐大发展为基础，在清代走向成熟期，而盛京园林则在清代才开始进行大规模的建设与发展，这是二者最大的不同。盛京园林在其发展过程中，受到地域文化、历史文化、多民族文化，以及自然地理气候环境等多方面因素影响，形成了北方寒地园林景观的格局和季相特征，在园林风格上粗犷大气、质朴自然，在园林文化方面表现出多元文化融合的特点。

参考文献

[1]（清）吕耀曾等修，魏枢等纂，王河等增修 .（乾隆）盛京通志 48 卷 [M].1736.

[2]（清）董秉忠，汪由敦等修 .（康熙）盛京通志 32 卷 [M].1684.

[3]（明）李辅修 . 全辽志 [M].1565.

[4]（清）励宗万辑 . 盛京景物辑要十二卷 [M].1754.

[5]（清）英廉等编 . 钦定日下旧闻考 160 卷 [M]. 武英殿刻本 .1788.

[6] 王树楠，吴延燮，金毓黻 . 奉天通志全 5 册 [M]. 东北文史丛书编辑委员会 .1983.

[7] 辽沈书社编 . 辽海丛书 [M].1985.

[8] 中国第一历史档案馆，中国社会科学院历史研究所译注 . 满文老档 [M]. 北京：中华书局，1990.

[9]（清）刘世英编著 . 陪都纪略 [M]. 沈阳：沈阳出版社，2009.

[10]（清）缪润绂著 . 沈阳百咏 [M]. 沈阳：沈阳出版社，2009.

[11] 沈阳市图书馆社科参考部编印 . 东北名胜古迹轶闻 [M].1985.

[12]《当代沈阳城市建设》编辑委员会 . 沈阳城市建设大事记 1044-1985[M].1988.

[13] 沈阳市城市建设管理局编 . 沈阳城建志 1388-1990[M]. 沈阳：沈阳出版社，1995.

[14] 许芳主编 . 沈阳旧影（中英文本）[M]. 北京：人民美术出版社，2002.

[15] 刘振超编著 . 盛京胜景 [M]. 沈阳：沈阳出版社，2008.

[16] 徐光荣编著 . 沈水歌吟 [M]. 沈阳：沈阳出版社，2008.

[17] 姜念思著 . 沈阳史话 [M]. 沈阳：沈阳出版社，2008.

[18] 周维权著 . 中国古典园林史 [M]. 北京：清华大学出版社，2008.

[19] 陈伯超主编 . 沈阳都市中的历史建筑汇录 [M]. 南京：东南大学出版社，2010.

[20] 辽宁省图书馆编 . 盛京风物辽宁省图书馆藏清代历史图片集 [M]. 北京：中国人民大学出版社，2007.

[21] 张志强编著 . 盛京古城风貌 [M]. 沈阳：沈阳出版社，2004.

[22] 姜念思编著 . 盛京史迹寻踪 [M]. 沈阳：沈阳出版社，2004.

[23] 刘长江编著 . 盛京寺观庙堂 [M]. 沈阳：沈阳出版社，2004.

[24] 陆海英编著 . 盛京永陵 [M]. 沈阳：沈阳出版社，2004.

[25] 袁闾琨 . 辽宁地域文化丛书沈阳地域文化通览 [M]. 沈阳：沈阳出版社，2013.

[26] 晓舟，福贵图 / 文 . 清昭陵 [M]. 沈阳：沈阳出版社，2004.

[27] 张晓风，何荣伟，佟福贵图 / 文 . 清福陵 [M]. 沈阳：沈阳出版社，2004.

[28]（英）杜格尔德·克里斯蒂（Dugald Christie）著;（英）伊泽·英格利斯编 . 张士尊 . 奉天三十年 1883-1913 杜格尔德·克里斯蒂的经历与回忆 [M]. 信丹娜译 . 武汉：湖北人民出版社，2007.

[29] 王鹤,吕海萍著 . 近代沈阳城市形态研究 [M]. 中国建筑工业出版社，2015.

[30] 杨春风 . 回眸盛京三大书院 [J]. 今日辽宁 ,2014,4:56-58.

[31] 赵欣 . 近代沈阳城市建设的历史变迁 [J]. 东北史地 ,2012,1:83-89.

《盛京园林的形成与发展》图片来源

图 2-1，图 3-1，图 4-2，图 4-4：王鹤，吕海萍著．近代沈阳城市形态研究 [M]. 中国建筑工业出版社，2015.

图 4-1，图 4-3：（明）李辅著．《辽东志》[M].1565.

图 5-1，图 5-2：陈伯超等．盛京宫殿建 [M]. 中国建筑工业出版社，2007.

图 3-3，图 5-3，图 5-4，图 5-11，图 5-13，图 5-14，图 5-15，图 5-16，图 5-20，图 6-12，图 6-14，图 9-4，图 9-5，图 9-9，图 9-10，图 10-4，图 10-5，图 10-6，图 12-6，图 12-8：许芳主编．沈阳旧影 中英文本 [M]. 北京：人民美术出版社，2002.

图 5-6，图 5-7，图 5-8，图 5-17，图 5-19，图 6-1：（清）吕耀曾等修．魏枢等纂．王河等增修．（乾隆）盛京通志 48 卷 [M].1736.

图 5-8，图 5-9：陆海英编著．盛京永陵 [M]. 沈阳：沈阳出版社，2004.

图 5-18，图 6-5，图 6-6：盛京风物（辽宁省图书馆藏清代历史图片集）

图 6-2：王茂生．清代沈阳城市发展与空间形态研究 [D]. 华南理工大学，2010.

图 6-9，图 6-11，图 9-6：陈伯超主编．沈阳都市中的历史建筑汇录 [M]. 南京：东南大学出版社，2010.

图 6-10：刘长江编著．盛京寺观庙堂 [M]. 沈阳：沈阳出版社，2004.

图 7-1，图 7-2，图 7-6，图 8-5，图 8-6：辽阳市档案馆．

图 7-4，图 10-11，图 10-12，图 11-2，图 11-3，图 11-7，图 11-8，图 12-5，图 13-4，图 13-8，图 13-9：李重主编．伪“满洲国”明信片研究

[M]. 吉林文史出版社，2005.

图 9-1，图 10-2，图 10-3，图 11-5，图 11-6：孙鸿金 . 近代沈阳城市发展与社会变迁（1898-1945）[D]. 东北师范大学，2012.

图 10-1，图 11-1，图 12-1，图 12-4，图 12-7：根据历史地图改绘 .

图 12-2：沈阳市图书馆 .

图 12-3：选自《东北日报》.

图 13-1：维基百科（Wikipedia）.

图 13-2，图 13-3：选自《满铁附属地经营沿革全史》，龙溪书舍，1977 年复刻版 .

图 13-5，图 13-7：选自《奉天神社志》，奉天神社社务所，1939.

图 13-6：饭坂太郎著 . 昔日的满洲，国书刊行会，1982.

图 13-10，图 13-11，图 13-12：建国庙造营概要的写真 / http://www.himoji.jp.

图 5-12，图 5-21，图 6-7，图 6-8，图 6-3：作者测绘 .

图 3-2，图 5-22，图 5-23，图 6-13，图 6-15，图 7-3，图 7-5，图 8-1，图 8-2，图 8-4，图 8-3，图 9-2，图 9-3，图 9-7，图 10-7，图 10-8，图 10-9，图 11-4：作者拍摄 .

图 6-4，图 6-16，图 9-8，图 10-10，图 12-9：选自 www.baidu .com.

附录：清代以来吟咏沈阳地区园林景观的诗词

兴京陪祭·福陵

【清】纳兰性德

龙盘凤翥气佳哉，东指离宫御辇来。
影入松楸迂仗远，香升俎立晓云开。
盛仪备处千官肃，神贶乘时万马回。
豹尾叨陪须献颂，小臣惭愧展微才。

秋日望昭陵（其一）

【清】苗君稷

揽辔秋风听野歌，雄途开辟太宗多。
遥知王气归辽海，不战中原自倒戈。

秋日望昭陵（其二）

【清】苗君稷

五云西向接幽燕，八月秋光丽远天。
丰镐三登深雨露，车书万国静烽烟。

秋日望昭陵（其三）

【清】苗君稷

龙蟠翠嶂郁岧峣，路夹苍松白玉桥。
十二羽林严侍卫，风嘶铁马白云霄。

万泉河夜步

【清】缪公恩

月色明如许，幽寻性所耽。

花光浮夜气，星影浸春潭。

古寺清钟歇，长堤野径谐。

携筇吟未已，已过小桥西。

登辉山

【清】缪公恩

危峰绝顶独盘桓，雾敛云收眼界宽。

千涧瀑兼青霭落，万山岚向碧空攒。

天风欲鼓春衫破，雨气犹侵石骨寒。

何日凌虚生羽翼，十洲之岛足游观。

浑河

【清】缪公恩

浊流直拟下昆仑，襟带陪都众水尊。

卷地东来山作障，排空西去海为门。

声推雪浪惊雷起，势压风湍阵马奔。

多少黄河埋白骨，谁凭杯酒吊英魂。

忆保安寺

【清】常纪

饭后曾行百步工，逍遥塔院听松风。

古碑遗象摩挲遍，共依闲墙数落红。

沈阳道中作

【清】张白龄

一湾塔影水流春，寒食烟生树树新。

好似雨余青到眼，十三山色欲留人。

塔湾落日

【清】孙旸

塔湾两岸柳青青，近作河梁送别亭。

我已还家十余载，梦中时听塔檐铃。

浑河晚渡

【清】戴梓

暮色衔落日，野色动高秋。

鸟下空林外，人来古渡头。

微风飘短发，纤月傍轻舟。

十里城南望，钟声咽戍楼。

南塔柳荫下口占

【清】戴梓

花事都看尽，柳荫犹可怜。

轻烟蒸白塔，柔浪拍青天。

移后应多悴，攀余未许眠。

灵和旧风日，回头忆当年。

御园春望

【清】戴梓

郁郁山陵望，青青景物幽。

晴云当槛落，春水伴宫流。

象巍吞千障，龙蟠控九州。

乾坤钟王气，满目瑞烟浮。

天柱衡云

【清】陈梦雷

一柱开天秀，居然岳镇宗。

如何有佳气，五色尽从龙。
功德千秋盛，蒸尝万国恭。
岐丰荒作后，葱郁至今浓。

实胜斜晖

【清】陈梦雷

金碧庄严地，清阴映夕阳。
世皆传大乘，曾说是四方。
归鸟投林乐，羁人望远伤。
那堪骊唱后，风送梵音长。

南塔柳荫

【清】陈梦雷

何处轻荫好，城南十里南。
迎春枝袅袅，入夏影冥冥。
雅爱微风舞，偏宜细雨零。
不堪频折取，离恨满长亭。

留都北郊白塔

【清】陈梦雷

百尺浮屠接塞烟，曾闻古刹自唐传。
雕栏映月澄空界，宝铎随风韵远天。
历历亭台斜照外，苍苍陵阙暮云边。
沧桑几阅人世间，梵唱依稀似昔年。

宿向阳寺

【清】高塞

圣朝存象法，古寺复闻钟。
花引山门路，云开野殿松。

高斋谈静理，远屿淡秋容。
日暮还携杖，月明林外峰。

万柳堂

【清】博尔都

高堂翠绕柳千条，振策登临入绛霄。
日影渐移云覆槛，泉声不散雨过桥。
山盘曲径看人小，花布重阴隔世遥。
莫怨章台攀折手，月明还有客吹箫。

游万国寺

【清】敦敏

长河遥接柳横斜，衬屐芊绵碧草赊。
曲水小山流石髓，微风古殿落松花。
数声清磬生灵籁，一片闲心对晚霞。
老衲却怜游客倦，寒泉活火煮新茶。

慈恩寺

【清】双庆

肩舆欲倦老僧迎，不厌亭前蜡屐轻。
几度客来如有约，及时花发倍关情。
禅声冷带西风咽，山翠遥连夕照明。
徒倚未教秋兴减，吟成坐听梵钟清。

沈城杂咏

【清】刘春烺

万泉河畔引清流，白舫蓝舆作冶游。
六月莲花三月柳，醉人风月似杭州。

柳塘避暑

【清】缪润绂

粘天草色绿如云，郭外南风午正薰。

万柳成荫飞絮了，踏青人上大王坟。

天柱排青

【清】缪润绂

驱马城门东，森然望天柱。

万松何苍苍，拿空作龙舞。

群灵此呵护，脉衍长白祖。

开卷感沧桑，东牟话已古。

神气时往来，天青日风雨。

辉山晴雪

【清】缪润绂

城居地无山，尘俗不可耐。

谁开东北天，突涌青螺黛。

妙从雪后看，岿然玉峰在。

日薄清含辉，烟明遥作态。

凝似古仙人，寒枰坐相对。

黄寺钟声

【清】缪润绂

五更起钟楼，鲸吼霄沉沉。

城市日渐高，何来风中音。

梵宇号实胜，静向西关寻。

希声度高树，殿阁凌绿荫。

岂须逢空山，洗我名利心。

天柱排青

【清】高士奇

回瞻苍霭合，俯瞰曲流通。

地是排云上，天因列柱崇。

福陵叠翠

【清】瑞卿

叠叠青松碧似天，山光远眺色尤鲜。

荫遮红日千重翠，似见国朝盛气源。

御苑松涛

【清】瑞卿

一池荷花御苑东，四围松柏画图中。

清光荡漾红拥绿，林下涛声送晚风。

道院秋风

【清】瑞卿

幽闲隆盛太清宫，修真养性亦蓬瀛。

孚佑帝君曾降笔，松青竹翠古仙风。

塔湾夕照

【清】弘历

塔湾晚照夕阳霞，路暗堤深树集鸦。

烟带远岗村处处，户照明月夜家家。

四塔凌云

【清】梦石瘦人

出郭沿溪路衍迤，四围塔影占长陂。

谁为柱石才中立，剩有文峰笔几枝。

悬日捧宜霄汉上，当天圆不午阴移。

斜阳撑入溪山里，叆叇层层两脚垂。

万泉垂钓

【清】刘世英

闲步河边暮景幽，遥看洗马似汀州。

钓竿舞外莲花动，万井清泉石上流。

万泉河杂咏

【民国】张之汉

名园买夏数荷钱，别墅谁营兜率天。

半可亭空鸿雪滤，不堪花木忆平泉。

万泉垂钓

【民国】钱公来

小河沿上草如茵，画舫笙歌历历春。

借问柳阴垂钓客，青衣行酒又何人。

沈阳八景（七）

【民国】钱公来

古塔撑天顶欲斜，西风残照认归鸦。

萧疏枯柳颓垣外，一幅寒林付画家。

故宫春晓

【民国】钱公来

时清争识故宫春，晓色皇居御柳新。

妆阁久淹妃子笑，几株红杏点芳唇。